R과 SQL을 활용한 실전 데이터 전처리

Bigdata Intelligence

수정판

R과 SQL을 활용한 실전 데이터 전처리

이현호 지음

카오스북
CHAOS BOOK

R과 SQL을 활용한 실전 데이터 전처리

펴낸날	2017년 8월 20일 초판 2쇄
	2016년 7월 8일 초판 1쇄
지은이	이현호
펴낸이	오성준
펴낸곳	카오스북
주소	경기도 파주시 광인사길 121
출판등록	제406-251002012000111호
전화	031-947-1961, 1962
팩스	031-947-1966
홈페이지	www.chaosbook.co.kr
편집	moon & Park
정가	9,000원
ISBN	979-11-87486-00-8 93000

머리글

오늘날 우리는 각 사회 분야에서 쏟아지는 정보의 홍수 속에 살고 있다. 바야흐로 빅데이터 시대인 것이다. 공공 분야든 민간 분야든 데이터를 잘 다뤄 활용하는 것은 경쟁력과 직결된다. 데이터에서 원하는 지식을 얻기 위해 통계, 데이터마이닝 등 다양한 데이터 분석 방법론이 연구되고 제안되고 있다. 그런데, 대부분의 분석 방법론은 잘 정제되어 있는 데이터를 대상으로 제시되는 데 반해 실세계에 존재하는 데이터는 때로는 값이 존재하지 않거나 때로는 뒤틀려 있어 분석 알고리즘을 바로 적용할 수 없는 경우가 많다. 그러므로 데이터 분석 전에 반드시 데이터 전처리 과정을 거쳐야 한다. 데이터 전처리를 통해 비어있는 데이터를 채우기도 하고 잡음(noise) 섞인 데이터를 정제하기도 하고 분석하기 좋은 모양(구조)으로 바꾸기도 한다. 때로는 분석할 데이터양이 너무 많아 분석 대상 데이터를 줄이거나 수많은 분석 차원에서 핵심적인 요소만 뽑아야 하는 경우도 있다.

데이터 전처리 방법론 역시 이론적으로 잘 제시되어 있다. 그런데 제시된 이론들이 실제 사례에서 어떻게 적용되는지를 설명한 책이나 자료는 찾기 힘든 것이 사실이다. 대부분이 데이터마이닝이나 데이터웨어하우스를 다룬 책의 일부분으로 데이터 전처리를 소개하고 있는데, 이론적 설명만 하고 넘어가는 수준이다. 그러나 필자가 실제 데이터마이닝 프로젝트를 수행한 경험상으로는 프로젝트 투입 공수의 반 이상이 데이터 전처리에 소모되는 경우가 많다. 분석 방법론은 R, SAS 등의 분석 툴에서 많은 기능들이 구현되어 있어 적용이 그리 어렵지 않다. 문제는 실세계 데이터에서 의미 있는 결과를 도출하기 위한 입력(input) 데이터를 만들어내는 것이다. 원천 데이터가 확보된 상태에서 데이터 분석은 전처리 → 분석알고리즘 적용 → 해석 과정으로 이루어지는데, 경험적으로 보면 50:20:30 정도의 노력이 든다고 볼 수 있다. 이처럼 데이터 전처리는 데이터 분석 과정에서 매우 중요한 역할을 한다. 데이터 전처리의 또 하나의 특징은 정형적인 분석 알고리즘과는 달리 매우 다양하고 때로는 복잡한 과정을 필요로 한다는 것이다. 사례별로 전처리 방법은 각기 다르다고 봐도 무관할 정도이다.

데이터 전처리 실무에 관한 책을 어떤 방향으로 쓸 것인지에 대해 많은 고민을 했다. 필자가 경험 한 프로젝트에서 나온 사례 위주로 써 나갈까도 생각해봤지만, 우선은 데이터 정제/통합/축소/변환 등 데이터 전처리라고 하면 어느 자료에서나 언급하는 전형적인 방법론을 실무에 투영시키는 기본적인 작업부터 하는 것이 옳다는 결론에 도달하였다. 이것만 가지고 전처리가 완성된다고 볼 수는 없으나 이러한 이론적인 기법들이 데이터 전처리의 기초가 되는 것은 틀림없는 사실이기 때문이다.

이 책은 데이터 전처리 기법들의 이론적인 소개와 이를 실무에 적용하는 사례로 구성되어 있다. 이론적인 소개 부분은 기존 자료나 서적에서 설명하고 있는 부분과 크게 다를 것이 없다. 오히려 기존 자료를 충분히 활용하였다. 이 책의 차별성은 실무 예제에 있다. 필자는 직관적이거나 의미론적인 일부 기법들을 제외하고는 소개된 전처리 기법들을 빠짐없이 실무 사례와 연결시키려고 노력하였다. 이 책은 이론서가 아니라 실무서이다. 향후에 이 책을 토대로 이론적으로 소개되지는 않았지만 실제 많이 활용되는 전처리 기법들을 정리해서 출간할 생각도 가지고 있다.

마지막으로 이 책을 출간하기까지 많은 아이디어와 도움을 주신 연세대학교 이원석 교수께 감사의 말씀을 드린다. 16년 전, 데이터적 사고방식과 대용량 데이터베이스 솔루션의 눈을 틔게 해준 ㈜엔코아 컨설팅 이화식 대표께도 감사의 인사를 드린다. 모쪼록 이 책이 독자들에게 데이터 전처리에 대한 실무적 이해의 폭을 넓히고 활용 능력을 키우는 데 도움이 되기를 소망해 본다.

2016. 6.

저자 이현호

차례

들어가기 전에

이 책에 사용된 실무 예제들은 R 또는 Oracle 환경에서 구동한다. R은 통계나 데이터마이닝 기법에 관한 수많은 함수들을 제공하는 공개 소프트웨어로서 빅데이터 분석을 위해서도 많이 활용된다. 윈도우즈용 R(version 3.3.0)은 다음 사이트에서 다운로드 받을 수 있다.

https://cran.r-project.org/bin/windows/base/

Oracle DBMS는 오라클 공식사이트에서 회원 로그인 후 다운로드 받을 수 있다. Oracle Database Express Edition 11g Release 2의 다운로드 URL 링크는 다음과 같다.

http://www.oracle.com/technetwork/database/database-technologies/express-edition/downloads/index.html

Toad for Oracle은 오라클 DBMS 관리 툴이다. 오라클 DBMS가 기본적으로 제공하는 SQL*Plus를 통해서도 SQL을 구사할 수 있지만, Toad와 같은 관리 툴에서는 훨씬 더 쉽게 SQL을 작성하고 실행할 수 있다. Oracle용 Toad 무료 버전을 Toad 공식 사이트에서 회원 로그인 후 다운로드 받을 수 있다. 다운로드 URL 링크는 다음과 같다.

http://www.toadworld.com/m/freeware

이 책의 실무 예제는 위 세 가지 무료 소프트웨어를 설치하여 충분히 테스트해 볼 수 있다. 무료 소프트웨어는 출판사가 제공하는 FTP 사이트를 통해서도 다운로드 받을 수 있다. 소프트웨어와 더불어 실무 예제에서 사용하는 데이터 셋과 프로그램 코드는 아래에 링크된 FTP 사이트를 통해 다운로드 받을 수 있다.

http://www.chaosbook.co.kr/book/Big_Data.zip
접속 후 다른 이름으로 저장하여 압축을 풀고 해당 도서의 데이터를 더블 클릭합니다.

제 1 장

데이터 전처리 개요

데이터 분석을 위해서 통계적 기법이나 데이터마이닝(data mining) 기법이 많이 활용된다. 그런데, 기관이나 기업의 실무에서 생산되거나 활용되는 데이터를 대상으로 분석을 할 때 분석 기법을 바로 적용하기 힘든 경우가 대부분이다. 실무 데이터는 이론적으로 가정한 데이터와는 달라서 군데군데 비어 있는 상태로 있거나 정합성이 맞지 않는 경우가 많기 때문이다. 데이터 전처리는 데이터 분석 작업 전에 데이터를 분석하기 좋은 형태로 만드는 과정을 총칭하는 개념이다. [그림 1.1]은 데이터마이닝 과정에서 데이터 전처리의 위치를 보여준다. 원천 데이터(original data)에서 분석 대상이 되는 데이터를 끄집어 낸 다음, 본격적인 분석 작업에 들어가기 전에 데이터 전처리 과정을 거친다.

데이터 분석 과정에서 데이터 전처리가 중요한 근본적인 이유는 아무리 좋은 분석 기법이나 도구를 사용한다 하더라도

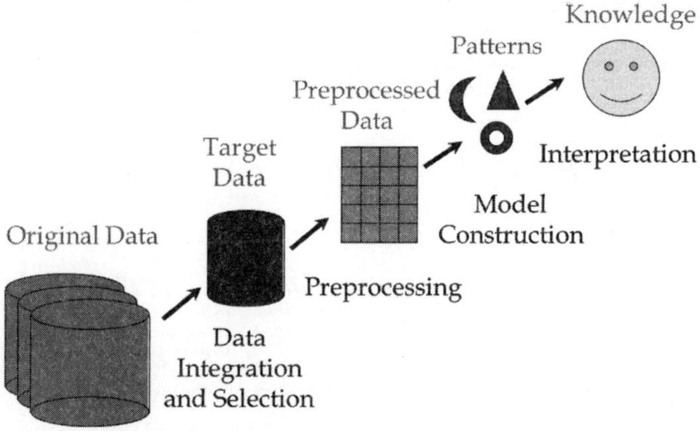

출처: Ramakrishnan and Gehrke, Database Management Systems, 3rd Edition

[그림 1.1] 데이터마이닝 과정에서의 데이터 전처리

품질이 낮은 데이터로는 좋은 분석 결과를 얻어낼 수 없기 때문이다. 데이터 품질을 떨어뜨리는 주요 원인은 다음과 같다.

- 불완전(incomplete)
  데이터가 비어 있어 있는 경우로 DB 테이블의 속성값이 NULL인 경우
- 잡음(noisy)
  데이터에 오류(error)가 포함된 경우. 예) 나이 = –20
- 모순된(inconsistent)
  데이터 간의 정합성(일관성)이 없는 경우. 예) 성별은 남자인데, 주민번호 뒤 7자리 중 첫 번째 자리가 2인 경우

낮은 데이터 품질이 데이터 전처리를 필요로 하는 가장 중요한 이유이기는 하지만, 데이터 품질이 높다 하더라도 데이터 전처리를 필요로 하는 경우도 많다. 실무에서 존재하는 데이터의 구조적 형태(format)가 분석 목적이나 분석 기법에 적합한 경우가 드물기 때문이다. 데이터의 구조적 형태를 분석 기법의 적용이 용이한 형태로 전환시키는 것도 데이터 전처리 영역에 속한다.

웹로그 분석을 수행한다고 가정해 보자. 웹로그는 웹서버 벤더(vendor)마다 포맷이 조금씩 상이하다. 예를 들어, Apache의 access log는 [그림 1.2]와 같은 형태로 존재한다.

[그림 1.2]를 사진 서비스와 앨범을 만들어 주는 사이트

```
64.242.88.10 - - [07/Mar/2004:16:05:49 -0800]
"GET /twiki/bin/edit/Main/Double_bounce_
sender?topicparent=Main.ConfigurationVariables
HTTP/1.1" 401 12846
64.242.88.10 - - [07/Mar/2004:16:06:51 -0800]
"GET /twiki/bin/rdiff/TWiki/NewUserTemplate?rev1=1
.3&rev2=1.2 HTTP/1.1" 200 4523
64.242.88.15 - - [07/Mar/2004:16:07:03 -0800]
"GET /07T2KZone/PostPhotos/photo_read.asp?
oid=3110&category=1&theme=t01&page_
num=11&konum=3&kosm=m7_3 HTTP/1.1" 200 76137
Mozilla/5.0 (Windows; U; Windows NT 5.1; en-US;
rv:1.8.0.7) Gecko/20060909 Firefox/1.5.0.7
```

[그림 1.2] Apache access log의 예

의 웹로그라고 가정하자. 이 사이트에서 사진의 조회 빈도나 사진들끼리의 연관 조회 현황을 파악하고자 웹로그를 분석한다고 가정한다면, [그림 1.2]의 웹로그 포맷 그대로 통계나 데이터마이닝 분석 기법을 적용할 수 있을까? 답은 "아니다"이다. 데이터마이닝 기법을 소개하는 책에서 연관규칙(association rule) 기법을 소개할 때, 예시로 드는 데이터는 대부분 다음과 같은 방식이다.

다음과 같은 itemset을 갖는 트랜잭션 t1, t2, t3가 있다.

$$t_1 = \{a, b, c\},\ t_2 = \{a, b\},\ t_3 = c$$

트랜잭션 t_1, t_2, t_3에 대해서, minimum support 0.6 이상인 itemset을 구하고, 이들을 대상으로 minimum confidence 0.8 이상인 연관규칙을 찾으시오.

[그림 1.3] 연관규칙에 대한 이론적 사례

위의 문제를 풀기 위해서 우선 최소지지도(minimum support) 0.6 이상인 빈발항목(frequent itemset)을 찾고, 빈발항목을 대상으로 연관규칙을 조합한 다음 최소신뢰도(minimum confidence) 0.8 이상인 연관규칙만 선택하면 해답이 될 것이다.[1] 그런데, [그림 1.3]의 문제에서 가정한 트랜잭션 t1, t_2, t_3 처럼 간단명료하게 제시되는 항목집합(itemset)이 실무에서는 거의 존재하지 않는다. 연관규칙과 같은 데이터마이닝 기법을 실무에 적용하기가 생각보다 쉽지 않은 이유가 여기에 있다. [그림 1.2]와 같은 복잡한 구조의 웹로그를 트랜잭션 t_1, t_2, t_3 와 같은 구조로 만들어낼 수 있어야 비로소 원하는 분석 기법을 적용할 수 있다. 이것이 데이터 전처리가 실무에서의 데이터 분석에서 필수불가결한 과정일 수밖에 없는 중요한 이유 중 하나이다.

[그림 1.2]의 웹로그를 대상으로 사진들 간의 조회 연관성을 분석하기 위해 연관규칙을 적용하기 위해서는 어떠한 데이터 전처리가 필요할까?

첫째, 웹로그와 사진 정보가 저장되어 있는 백엔드(backend)의 데이터베이스가 어떻게 매개되어 있는지부터 파악해야 할 것이다.

이를 위해서 웹로그의 클라이언트 요청 URL에 존재하는 모듈(module)과 파라미터(parameter)의 성격을 파악해야 한다. 사진 조회 모듈은 photo_read.asp이고, 사진 정보 데이터

1) 이 문제에서 빈발항목은 (a,b), 연관규칙은 a → b, b → a 임.

```
64.242.88.15 - - [07/Mar/2004:16:07:03 -0800]
"GET /07T2KZone/PostPhotos/photo_read.asp?
oid=3110&category=1&theme=t01&page_
num=11&konum=3&kosm=m7_3 HTTP/1.1" 200 76137
Mozilla/5.0 (Windows; U; Windows NT 5.1; en-US;
rv:1.8.0.7) Gecko/20060909 Firefox/1.5.0.7
```

[그림 1.4] 로그 필터링을 통해 추출한 분석 대상 로그

베이스에서 임의의 사진을 특정하기 위한 조건 구성을 위해서 파라미터 oid, category, theme이 필요하다는 것을 파악했다고 가정하자.

둘째, [그림 1.2]의 웹로그 중에서 사진 조회와 직접적 관련이 없는 로그를 제거해야 할 것이다.

[그림 1.2]의 첫 번째와 두 번째 로그는 관련이 없다. URL 상의 모듈이 사진 조회 모듈이 아니고, 해당 파라미터도 나타나지 않았기 때문이다. 로그 필터링(filtering)을 통해서 직접적 분석 대상 로그를 추출하면 [그림 1.4]와 같다.

셋째, 로그를 파싱하여 사진 정보 DB 조회를 위해 필요한 파라미터 값을 추출해야 한다.

로그 텍스트 파싱(parsing)을 통하여 [표 1.1]과 같이 로그 구성 항목에 대한 항목 값을 맵핑한다. 그런 다음, 사진 정보 조회에 필요한 파라미터 값을 얻기 위해 클라이언트 요청 URL(CLIENT_FULL_RESQ 항목)을 다시 파싱한다.

넷째, 로그 파싱을 통해 얻은 파라미터 값을 조건으로 사용하여 사진 정보 DB를 조회하고 조회된 사진의 키값으로 조회 사진 itemset을 구성한다.

[표 1.1] 웹로그 텍스트 파싱(parsing) 결과

SEQ	1814718
CLIENT_IP	84.222.150.222
SERVER_IP	-
AUTH_NM	-
DATE_TIME	2008-04-01 17:06
CS_METHOD	GET
CLIENT_FULL_RESQ	http://chinese.tour2korea.com/07T2KZone/PostPhotos/photo_read.asp?oid=3110&category=1&theme=t01&page_num=11&konum=3&kosm=m7_3
FLAG	
URI_PROTOCOL	HTTP/1.1
SERVER_STAT	200
CONTENT_LENGTH	76137
REFERER	-
USER_AGENT	Mozilla/5.0 (Windows; U; Windows NT 5.1; en-US; rv:1.8.0.7) Gecko/20060909 Firefox/1.5.0.7
COOKIE	-

[표 1.1]에서 CLIENT_FULL_RESQ 항목의 URL을 파싱하여 파라미터 oid, category, theme 값인 3110, 1, t01을 각각 추출한 후, [그림 1.5]와 같은 SQL을 사용하여 사진 정보 DB를 조회하고 사진의 키 값을 item 값으로 추출한다. 이러한 네 과정을 거쳐야 [그림 1.2]의 t_1, t_2, t_3을 구성하는 item a, b, c

```
-- t_picture: 사진 정보 저장 테이블,
   t_pic_class: 사진 분류 정보 저장 테이블

SELECT a.pic_no                       -- t_picture
                                      테이블의 key 속성
FROM t_picture a, t_pic_class b
WHERE a.oid = :v_oid                  -- :v_oid = 웹로그
                                      파라미터 oid 값
                                      (3110)
   AND a.pic_no = b.pic_no           -- 조인조건 (b.pic_
                                     no는 a.pic_no를
                                     참조하는 외래키
   AND b.category = :v_category -- :v_category
                                     = 웹로그 파라미터
                                     category 값 (1)
   AND b.theme = :v_theme            -- :v_theme = 웹로그
                                     파라미터 theme 값
                                     (t01)
```

[그림 1.5] 웹로그 클라이언트 요청 URL의 파라미터 값을 통해 DB에 접근하는 사례

와 같은 요소가 비로소 얻어진다. 이러한 데이터 전처리 과정은 실무 데이터에서는 흔한 일이다.

그런데 설명한 네 과정을 거치더라도 t_1, t_2, t_3에서 가정한 itemset은 얻을 수 없다. 네 과정을 거쳐 얻은 것은 개별 item일 뿐이며, itemset은 아직 정의되지 않았다. itemset을 정의하기 위해서는 트랜잭션[2]의 개념이 존재해야 하는데, 웹로그에

2) 연관규칙에서 트랜잭션은 같은 공간의 개체집합이 동시에 발생하는 행위집합의 개념이다. 장바구니에 담긴 물건을 가정하면, 장바구니가 트랜잭션이 되고 담긴 물건이 트랜잭션을 구성하는 item이 되며, 한 장바구니에 들어 있는 물건의 집합은 트랜잭션의 itemset이라고 볼 수 있다.

는 트랜잭션의 개념이 없는 개별적인 웹서버 사용 기록일 뿐이다. 그런데, "어떤 사람이 a 사진을 볼 때 b 사진을 같이 보더라"와 같은 사진 조회 연관성 분석을 위해서는 t1={a, b, c}와 같은 itemset의 도출이 반드시 필요하다. 이는 위에서 설명한 네 과정을 거치더라도 아직 데이터 전처리가 끝나지 않았고 트랜잭션 설계와 구현이라는 과정이 남아 있음을 뜻한다. 연관규칙과 같은 데이터 분석 기법의 적용 자체는 오히려 그렇게 어려운 작업이 아니다. SAS, R, 파이선과 같은 분석 도구(tool)는 다양하고 뛰어난 분석 기능을 보유하고 있어 원하는 답에 쉽게 접근할 수 있다. 그러나 이는 분석 대상 데이터가 잘 마련되어 있다는 전제조건하에서 가능한 이야기이다. 안타깝게도 이러한 전제조건이 그대로 충족되는 경우는 거의 없다. 그렇기 때문에 데이터 전처리가 성공적인 분석의 열쇠를 쥐고 있다고 해도 과언이 아니다.

데이터 전처리의 주요 기법 및 개념은 다음의 항목들이 자주 언급된다.

- 데이터 정제(Data Cleaning)

  없는 데이터(missing values)는 채우고, 잡음(noisy data)은 제거하며, 모순된 데이터(inconsistent data)는 정합성이 맞는 데이터로 교정하는 작업

- 데이터 통합(Data Integration)

  여러 개의 데이터베이스, 데이터큐브, 또는 파일을 통합하는 작업

• 데이터 축소(Data Reduction)

샘플링 등을 통해 데이터 볼륨을 줄이거나 분석 대상 속성(차원)을 줄이는 작업

• 데이터 변환(Data Cleaning)

데이터 정규화(normalization) 또는 집단화(aggregation)하는 작업

• 데이터 이산화(Data discretization)

데이터 축소의 일종으로 연속적인 수치 데이터에 대한 구간화 작업(예, 실제 나이를 10대, 20대, 30대 등으로 변환)

데이터 전처리 기법들을 개념적인 몇 개의 유형으로 나누기는 했지만, 앞의 웹로그 사례에서 보듯이 대부분의 데이터

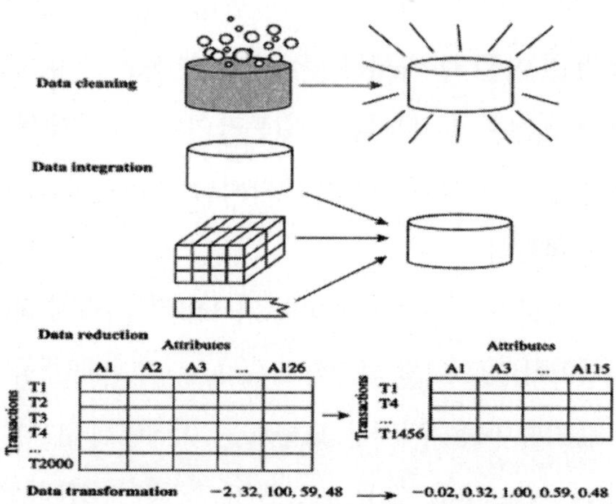

출처: Jiawei Han and Micheline Kamber, Data Mining: Concepts & Techniques

[그림 1.6] 데이터 전처리 주요 기법의 개념(concept)

전처리는 생각보다 많은 과정을 요구하며, 자동화되기도 힘들다. 실무에 있는 데이터는 매우 다양한 형태로 존재하기 때문에 이를 특정 분석 목적에 맞게 가공하는 일은 사안마다 다를 수밖에 없다. 그러므로 데이터 전처리를 개념적인 몇 가지 분류 내로 국한시켜서는 분석 대상 데이터를 만들어내기 힘들다. 데이터 전처리는 개념적·이론적으로 제시되는 범위보다 훨씬 넓고 포괄적이라고 생각하는 것이 바람직하다.

이러한 이유로 이 책에서 모든 데이터 전처리 유형을 다루는 것은 애초부터 불가능하다. 그래서 이론적으로도 제시되어 있으면서 실무에 자주 등장하는 전처리 유형과 이에 대한 해법을 다루고자 한다. 이론적인 부분을 간략하게 설명하고 실제 데이터를 대상으로 제시된 기법을 어떻게 적용하는지에 대한 사례를 중심으로 설명할 것이다. 대부분의 데이터 전처리 관련 책에서는 이론적인 부분을 설명하는 데 그치고 있으며, 이론적인 부분의 내용 또한 대동소이하다. 그런데, 정작 궁금한 것은 이론 그 자체가 아니라 이론적으로 제시된 기법들을 어떻게 실무에 적용할 수 있는가이다. 이 책에서는 이러한 점을 착안하여 제시된 기법 하나하나에 대한 실무 적용 사례들을 제시한다.

데이터 전처리는 통계학적 기법과 DB적 기법이 혼용되는 종합적 영역이므로 이에 적합한 도구(tool)의 선택이 중요하다. 통계학적 기법 적용을 위한 도구로는 빅데이터 분석 도구로 일반화되어 있는 R을 활용하고, SQL과 같은 DB적 기법 적용에는 오라클 DBMS를 활용한다. 그런데, 사실 R에서도 통계함수뿐만 아니라 데이터프레임을 생성하고 이에 대해 SQL을 구사하여 데이터를 가공할 수 있는 함수를 제공하고 있다. 그러나 R의 SQL은 오라클의 SQL에서 제공하는 윈도우(window) 함수와 같은 데이터의 집합적 처리를 위한 강력한 기능은 제공되지 않는 부분이 있다. 그래서 일부 사례에서는 오라클 SQL을 통해 해답을 제시한다.

제 2 장

데이터 정제

실무에서의 데이터는 비어 있거나(missing value), 오류 값이 들어 있거나 정합성이 맞지 않는 경우가 많다. 불완전한 데이터로 분석 작업을 수행했을 때는 분석 결과 또한 신뢰성이 반감된다. 그러므로, 본격적인 분석 작업을 수행하기 전에 데이터의 불완전성을 최대한 제거하는 데이터 정제(data cleaning) 과정이 필요하다.

2.1 결측값의 처리

결측값(missing value)이란 값이 존재하지 않고 비어 있는 상태로서 DB에서의 NULL 값을 의미한다. DB 테이블의 투플(tuple)에서 분석 대상 속성값이 상당부분 비어 있게 되면, 분석 대상 데이터가 충분하지 않은 상태이므로 제대로 된 분석을 수행하기 힘들다. 그렇다면, 결측값은 어떤 방법으로 채울 수 있을까? 결측값을 채우는 방법은 다음과 같다.

결측값을 채우는 방법

- **해당 투플을 무시한다(row-wise deletion).**

  결측값을 가진 투플을 분석 대상에서 제외시키는 방법인데, 투플 간 결측값을 가진 속성들이 산재해 있다면 너무 많은 투플들이 제외될 수 있어서 효과적이지 않다.

- **결측값을 수동으로 채워 넣는다.**

  일반적으로 매우 소모적인 방법이며, 대상 투플 수가 많을 때에는 비현실적이다.

- 전역상수(global constant)를 사용하여 결측값을 채워 넣는다.
단순하고 명확한 방법이기는 하지만, 전역상수 값이 분석 결과를 왜곡시킬 수 있는 위험성이 있다.

- 속성의 평균값을 사용하여 결측값을 채워 넣는다.
사용자가 임의로 정한 전역상수 값 대신 속성의 평균값을 채워 넣는 방법이나, 여전히 분석 결과를 왜곡시킬 위험성은 존재한다.

- 주어진 투플과 같은 클래스(분류)에 속하는 투플들의 속성 평균값을 사용한다.
전체 투플의 평균값을 사용하는 것보다 동일 유형의 투플에 대한 평균값을 사용하므로 분석 결과에 대한 왜곡 가능성은 줄어들 가능성이 높다.

- 가장 가능성이 높은 값으로 결측값을 채워 넣는다.
회귀분석, 베이지안(Bayesian) 기법, 의사결정트리 기법 등의 통계 또는 마이닝 기법을 활용하여 결측값을 예측한다. 분석에 의해 가능성이 높은 값을 찾아내는 방법으로 가장 효과적이고 정확할 수 있으나, 결측값을 채우기 위한 분석 가설을 세워야 하는 번거로움과 복잡성이 존재한다.

실무 예제 2-1

다음은 부산광역시 사상구 약수터 수질 현황 표(검사일: 2015년 11월 5일)이다. 표상에 나타난 결측 속성값(일반세균, 질산성질소)을 채우시오.

- 데이터 파일: ch2-1(약수터 수질 현황).csv
- 원본 투플 수: 24개

연번	약수터명	동명	총대장균군	일반세균	질산성질소	적합
1	백수	모라	양 성	10	6.7	부적합
2	이칠	모라	음 성	20	0.9	적합
3	운수사	모라	음 성	10	1.1	적합

출처: 공공데이터포털(www.data.go.kr)

```
# 데이터로드 (ch2-1.csv : 데이터 원본 파일)
d_base2_1 <- read.csv('ch2-1(약수터수질현황).csv', sep=",")
# SQL 활용을 위한 패키지 불러오기
library(sqldf)
library(tcltk)
```

1) 해당 투플을 무시하는 방법(row-wise deletion)

```
# 결측값 소유 투플 무시 (in R)
d_meth1 <- sqldf("select 연번, 약수터명, 동명, 총대장균군, 일반세균,
                  질산성질소, 적합
                  from d_base2_1
                  where 일반세균 is not null and 질산성질소 is not
                  null")

d_meth1    # 결과보기
```

결과

```
> d_meth1
  연번   약수터명  동명  총대장균군  일반세균  질산성질소   적합
1    1       백수  모라       양 성        10         6.7  부적합
2    2       이칠  모라       음 성        20         0.9    적합
3    3     운수사  모라       음 성        10         1.1    적합
                              ...
```

▫ 연번 4, 17, 20인 세 개의 투플 삭제

2) 전역상수(global constant)를 사용하여 결측값을 채워 넣는 방법

```
# 결측값을 전역상수로 대체 (in R)
d_meth2 <- sqldf("select 연번, 약수터명, 동명, 총대장균군
                    -- 0을 전역상수로
                         , case when 일반세균 is NULL then 0
                           else 일반세균 end 일반세균
                         , case when 질산성질소 is NULL then 0
                           else 질산성질소 end 질산성질소
                         , 적합
                   from d_base2_1")

# 결과보기
d_res2 <- sqldf("select 연번, 약수터명, 동명, 총대장균군, 일반세균,
                  질산성질소, 적합
                  from d_meth2
                  where 연번 in (4, 17, 20)")
d_res2
```

결과

```
> d_res2
  연번   약수터명  동명  총대장균군  일반세균  질산성질소   적합
1    4    서당골  모라       음 성        10        0.0   적합
2   17      밤골  주례       음 성         0        0.0   적합
3   20      승학  학장       양 성         0        0.3 부적합
```

◘ 연번 4의 질산성질소, 연번 17의 일반세균과 질산성질소, 연번 20의 일반세균 속성값을 전역상수 0으로 채운 결과이다.

3) 속성의 평균값을 사용하여 결측값을 채워 넣는 방법

```
-- 결측값을 속성의 평균값으로 대체 (in Oracle)
select *
from (
select 연번, 약수터명, 동명, 총대장균군
  , nvl(일반세균, avg(일반세균) over ()) as 일반세균
    -- NULL이면 평균값으로
  , nvl(질산성질소, avg(질산성질소) over ()) as 질산성질소
    -- NULL이면 평균값으로
  , 적합
from d_base2_1  )  -- 원본데이터를 저장한 테이블
where 연번 in (4, 17, 20)
order by 연번 ;
```

결과

연번	약수터명	동명	총대장균군	일반세균	질산성질소	적합
4	서당골	모라	음성	10	2.63181818181818	적합
17	밤골	주례	음성	20.4545454545454	2.63181818181818	적합
20	승학	학장	양성	20.4545454545454	0.3	부적합

◘ 연번 4의 질산성질소, 연번 17의 일반세균과 질산성질소, 연번 20의 일반세균 속성값을 속성 평균값으로 채운 결과이다. nvl()은 속성값이 NULL일 때, 대체 값을 지정하는 오라클 함수이다. avg over ()는 일반세균 속성에 대한 전체 평균값을 산출하는 오라클의 window() 함수이다.

4) 주어진 투플과 같은 클래스(분류)에 속하는 투플 들의 속성 평균값을 채워 넣는 방법

```
-- 결측값을 같은 클래스(분류)의 속성 평균값으로 대체 (in Oracle)
-- 클래스(분류) 기준 속성 : 적합
select *
from (
select 연번, 약수터명, 동명, 총대장균군
     , nvl(일반세균, avg(일반세균) over (partition by 적합)) as
       일반세균 -- NULL이면 적합값 별 평균값으로
     , nvl(질산성질소, avg(질산성질소) over (partition by 적합))
       as 질산성질소 -- NULL이면 적합값 별 평균값으로
     , 적합
from d_base2_1 )  -- 원본데이터를 저장한 테이블
where 연번 in (4, 17, 20)
order by 연번 ;
```

결과

연번	약수터명	동명	총대장균군	일반세균	질산성질소	적합
4	서당골	모라	음성	10	2.7066666666667	적합
17	밤골	주례	음성	15.625	2.7066666666667	적합
20	승학	학장	음성	33.33333333	0.3	부적합

◘ 연번 4와 17의 질산성질소 값은 두 투플이 같은 클래스(분류)에 속하므로 동일하나, 연번 17과 20의 일반세균 값은 두 투플이 다른 클래스(분류)에 속하므로 다르다. avg(**일반세균**) over(partition by 적합)은 일반세균 속성값을 '적합' 속성값에 따라 그룹핑하고 그룹별 일반세균 평균값을 산출하는 오라클의 분석함수(analytic function)이다.

5) 가장 가능성이 높은 값으로 결측값을 채워 넣는 방법

```
# 회귀분석을 활용한 결측치 예측 (일반세균과 질산성질소 간 회귀분석) (in R)
# 일반세균값에 의한 질산성질소값 산출 (연번 4번 투플에 적용)
x <- d_base2_1$일반세균
y <- d_base2_1$질산성질소

out <- lm(y ~ x)                          # 선형회귀분석
v_val1 <- predict(out, newdata=data.frame(x=10))
                          # v_val1: 연번 4번 투플의 질산성질소 예측값
d_base2_1[4,6] <- v_val1  # 연번 4번 투플의 질산성질소 값 채우기

# 질산성질소 값에 의한 일반세균값 산출 (연번 20번 투플에 적용)
x <- d_base2_1$질산성질소
y <- d_base2_1$일반세균

out <- lm(y ~ x)                          # 선형회귀분석
v_val2 <- predict(out, newdata=data.frame(x=0.3))
                         # v_val2: 연번 20번 투플의 일반성세균 예측값
d_base2_1[20,5] <- v_val2   # 연번 20번 투플의 일반세균값 채우기

# 결과보기
d_res <- sqldf("select 연번, 약수터명, 동명, 총대장균군, 일반세균,
질산성질소, 적합
                from d_base2_1
                where 연번 in (4, 20)")
d_res
```

결과

```
> d_res
   연번    약수터명  동명  총대장균군  일반세균     질산성질소      적합
1     4     서당골  모라        음성 10.00000  3.045076      적합
2    20       승학  학장        양성 31.55638  0.300000    부적합
```

▫ 연번 4의 일반세균 값(10)에 대한 질산성질소 값(3.045076)과 연번 20의 질산성질소 값(0.3)에 대한 일반세균 값(31.55638)을 채운다. lm(y ~ x)는 속성 x에 대한 속성 y의 선형회귀분석을 수행하는 R의 함수이다. 이러한 속성값 간의 연관성을 바탕으로 결측값을 채우는 방식은 임의의 전역상수나 속성의 평균값으로 채우는 것보다 훨씬 실제에 근접한 값으로 채울 수 있는 가능성이 높으나, 관계 속성값이 비어 있을 때는 예측이 불가능할 수 있다. 연번 17번이 그 예이다.

2.2 잡음 제거

잡음(noise)이란 측정된 변수(속성)에서의 오류나 오차 값을 의미한다. 오류나 오차에 의한 값의 경향성 훼손을 줄이기 위해서 데이터 평활화 기법(smoothing technique)을 적용하여 값을 매끄럽게 다듬는다. 평활화 기법에는 다음과 같은 것들이 있다.

데이터 평활화 기법

- 구간화(Binning)

  정렬된 데이터 값들을 몇 개의 빈(혹은 버킷)으로 분할하여 평활화하는 방법으로 이웃(neighborhood, 주변값)들을 참조하여 정렬된 데이터를 매끄럽게 한다.

  - 평균값 평활화(smoothing by bin means)

    빈(bin)에 있는 값들이 그 빈의 평균값(mean)으로 대체된다.

  - 중앙값 평활화(smoothing by bin medians)

빈(bin)에 있는 값들이 그 빈의 중앙값(median)으로 대체된다.

– 경곗값 평활화(smoothing by bin boundaries)

빈(bin)의 최솟값과 최댓값이 그 빈의 경곗값이 되며, 두 경곗값 중 가까운 쪽 값으로 대체된다.

• 회귀(Regression)

회귀함수에 의한 데이터 평활화 기법을 의미한다. 선형 회귀분석(linear regression analysis)은 하나의 속성이 다른 하나의 속성을 예측하는 데 이용될 수 있도록 최선의 직선을 찾는 것을 의미한다. 다중 회귀분석은 단순 선형 회귀분석의 확장으로 두 개 이상의 속성을 가지고 다른 속성을 예측하여 평활화를 진행한다.

• 군집화(clustering)

군집화는 유사한 값들끼리 그룹화하는 과정이다. 군집화 결과 어떠한 그룹에도 속하지 않은 값을 이상값(outlier)이라고 한다. 이상값은 경향성을 훼손하는 오류 데이터일 가능성이 높기 때문에 평활화 대상이 될 수 있다.

실무 예제 2-2

다음은 2016년 항만별 선박 입출항 현황이다. 선박 수 속성은 구간화(Binning) 기법으로 평활화하고, 선박 톤수 속성은 선박 수 속성과의 회귀(regression) 분석을 통하여 평활화시키시오.

⊙ 데이터 파일 : ch2-2(선박입출항).csv

⊙ 원본 투플 수 : 30개

항만	입항선박수	입항선박톤수	출항선박수	출항선박톤수
부산	7,301	105,138,280	7,409	103,857,903
인천	2,715	30,716,710	2,716	30,779,186
평택.당진	1,558	23,153,226	1,536	22,778,109
경인항	28	126,236	27	128,344
동해.묵호	552	4,202,603	546	4,039,929

출처: 공공데이터포털(www.data.go.kr)

```
# 데이터로드 (ch2-2(선박입출항).csv : 데이터 원본 파일) (in R)
d_base2_2 <- read.csv('ch2-2(선박입출항).csv', sep=",")

# SQL활용을 위한 패키지 불러오기
library(sqldf)
library(tcltk)
```

1) **구간화(Binning) – 평균값 평활화(Smoothing by Bin Means)**

```
-- 평균값 평활화 (구간 : 500) (in Oracle)
select 항만
     , 입항선박수
     , round(avg(입항선박수) over (partition by floor(
       입항선박수/500)), 0) 입항선박수_평활
     , 출항선박수
     , round(avg(출항선박수) over (partition by floor(
       출항선박수/500)), 0) 출항선박수_평활
from d_base2_2 ;
```

결과

항만	입항선박수	입항선박수_평활	출항선박수	출항선박수_평활
장승포	3	129	3	130
통영	178	129	180	130
태안	52	129	55	130
보령	65	129	62	130
호산	14	129	13	130

◘ 입항 선박 수_평활과 출항 선박 수_평활 속성값은 구간의 평균값을 적용한 결과이다. floor(입항 선박수/500)은 입항 선박수/500의 결과 값보다 크지 않은 정수 중에서 최댓값을 산출하는 오라클 함수이고, round(A,0)는 A값을 소수 첫째 자리에서 반올림하는 오라클 함수이다.

2) 구간화(Binning) – 중앙값 평활화(Smoothing by Bin Medians)

```
-- 중앙값 평활화 (구간크기 : 500) (in Oracle)
create or replace view 입항_median_view
as
select 항만
     , 입항선박수
     , bin_id
     , rnum
     , floor((cnt+1)/2) med1
     , ceil((cnt+1)/2) med2
from (
select 항만
     , 입항선박수
     , floor(입항선박수/500) bin_id
     , row_number() over (partition by floor(입항선박수/500)
       order by 입항선박수) rnum
     , count(*) over (partition by floor(입항선박수/500)) cnt
from d_base2_2 ) ;

create or replace view 출항_median_view
as
select 항만
     , 출항선박수
     , bin_id
     , rnum
     , floor((cnt+1)/2) med1
     , ceil((cnt+1)/2) med2
```

```
from (
select 항만
     , 출항선박수
     , floor(출항선박수/500) bin_id
     , row_number() over (partition by floor(출항선박수/500)
       order by 출항선박수) rnum
     , count(*) over (partition by floor(출항선박수/500)) cnt
from d_base2_2 ) ;

-- 최종결과
select 항만
     , min(decode(gubun,1,col1)) 입항선박수
     , min(decode(gubun,1,col2)) 입항선박수_평활
     , min(decode(gubun,2,col1)) 출항선박수
     , min(decode(gubun,2,col2)) 출항선박수_평활
from (

-- 입항선박수 중앙값 구하기
select 1 gubun
     , a.항만
     , a.입항선박수 col1
     , round((b.입항선박수+c.입항선박수)/2,0) col2
from 입항_median_view a, 입항_median_view b, 입항_median_view c
where a.bin_id = b.bin_id
  and a.med1 = b.rnum
  and a.bin_id = c.bin_id
  and a.med2 = c.rnum
union all

-- 출항선박수 중앙값 구하기
select 2 gubun
     , a.항만
     , a.출항선박수 col1
     , round((b.출항선박수+c.출항선박수)/2,0) col2
from 출항_median_view a, 출항_median_view b, 출항_median_view c
where a.bin_id = b.bin_id
  and a.med1 = b.rnum
  and a.bin_id = c.bin_id
  and a.med2 = c.rnum )
 group by 항만 ;
```

결과

항만	입항선박수	입항선박수_평활	출항선박수	출항선박수_평활
속초	15	81	17	81
태안	52	81	55	81
포항	967	652	947	658
광양	4050	4098	4078	4121
장승포	3	81	3	81

◘ 입항선박수_평활과 출항선박수_평활 속성값은 구간의 중앙값 적용한 결과이다. 각 구간의 중앙값은 해당 구간에 속한 속성값들을 정렬했을 때, 가운데 위치한 값을 의미한다.(속성값이 홀수개일 때는 가운데 값이고, 짝수개일 때는 두 개의 가운데 값의 평균임) 이를 구하기 위하여 오라클 분석함수 row_number() over()와 count() over ()를 활용하였다.

3) 구간화(Binning) – 경곗값 평활화(Smoothing by Bin Boundaries)

```
# 경곗값 평활화 (구간 : 500) (in R)
d_boundary <- sqldf("select 항만
      , 입항선박수
      , case when (입항선박수 - 입항_경계_최소) <
        (입항_경계_최대 - 입항선박수) then 입항_경계_최소
             else 입항_경계_최대 end 입항선박수_평활
      , 출항선박수
      , case when (출항선박수 - 출항_경계_최소) <
        (출항_경계_최대 - 출항선박수) then 출항_경계_최소
             else 출항_경계_최대 end 출항선박수_평활
from (
select 항만
      , 입항선박수
      , floor(입항선박수/500)*500 입항_경계_최소
      , floor(입항선박수/500)*500 + 500 입항_경계_최대
      , 출항선박수
      , floor(출항선박수/500)*500 출항_경계_최소
      , floor(출항선박수/500)*500 + 500 출항_경계_최대
from d_base2_2 )")

# 결과보기
d_boundary
```

결과

```
> d_boundary
        항만 입항선박수  입항선박수_평활  출항선박수  출항선박수_평활
1       부산    7301            7500      7409            7500
2       인천    2715            2500      2716            2500
3  평택.당진    1558            1500      1536            1500
4     경인항      28               0        27               0
5  동해.묵호     552             500       546             500
                                 ...
```

□ 입항 선박 수_평활과 출항 선박 수_평활 속성값은 구간의 최소 경곗값과 최대 경곗값 중에서 속성의 실젯값에 더 가까운 쪽을 선택한 결과이다. 우선, 최소 경곗값과 최대 경곗값을 구한 다음에 이를 대상으로 실젯값과 경곗값들의 차이를 구하고 이를 비교하여 두 경곗값 중 하나를 선택하는 로직이다. case when A then B else C end는 조건식 A가 참이면 B값을 그렇지 않으면 C값을 선택하는 SQL 구문이다.

4) 회귀분석에 의한 평활화

```
# 회귀분석에 의한 평활화 (in R)
x <- d_base2_2$입항선박수
y <- d_base2_2$입항선박톤수

out <- lm(y ~ x)      # 선형회귀분석

for (i in 1:30)
    d_base2_2[i,3] <- predict(out, newdata=data.frame(x=d_
    base2_2[i,2]))  # v_val

x <- d_base2_2$출항선박수
y <- d_base2_2$출항선박톤수

out <- lm(y ~ x)     # 선형회귀분석

for (i in 1:30)
    d_base2_2[i,5] <- predict(out, newdata=data.frame(x=d_
base2_2[i,4]))  # v_val

# 결과보기
d_base2_2
```

결과

```
> d_base2_2
        항만  입항선박수     입항선박톤수   출항선박수     출항선박톤수
1       부산      7301   95269558.4       7409   95609008.4
2       인천      2715   33639450.7       2716   33372496.4
3  평택.당진      1558   18090816.9       1536   17723852.8
4     경인항        28   -2470470.6         27   -2287844.7
5  동해.묵호       552    4571434.4        546    4594906.1
                                ...
```

◘ 입항 선박 톤수와 출항 선박 톤수의 평활화 결과는 원본 데이터와 오차가 다소 존재하며, 현실적으로 존재하지 않는 음수(-) 값도 나온다. 이는 선형회귀분석에 의해 도출된 선형함수의 결과인데, 결과적으로 위 사례는 평활화 기법으로 회귀분석 적용이 적절한지에 대한 의문이 있다.

2.3
데이터 정제 절차

데이터 정제의 일반적인 절차는 다음과 같다.

데이터의 모순점 포착

데이터의 모순점이 발생할 수 있는 원인들을 알아야 이들을 찾을 수가 있을 것이다. 데이터 모순의 원인으로 다음과 같은 사항들이 있을 수 있다.

- 잘못 설계된 데이터 입력 폼이 존재
- 데이터 입력에서 사람의 실수로 발생
- 응답자가 자신의 정보가 누설되는 것을 원하지 않기에 발생하는 의도적인 오류
- 바뀐 주소와 같이 만료된 데이터
- 데이터 표현의 모순
- 일치하지 않는 코드의 사용
- 데이터를 기록하는 계측 장치의 오류나 시스템 오류
- 원래의 의도와 다른 목적으로 데이터를 부적절하게 사용

- 데이터 통합 과정에서 주어진 속성이 다른 데이터베이스에서 다른 이름을 갖고 있을 때

데이터 모순점의 포착은 데이터 특성에 대한 파악에서부터 시작한다. 데이터에 대한 특성 정보를 '데이터에 대한 데이터', 즉 메타데이터라고 한다. 메타데이터를 활용하여 잡음값(noisy data), 이상치(outlier) 등을 파악할 수 있다. 메타데이터는 대체로 다음과 같은 정보를 가지고 있다.

- 속성의 데이터 타입과 도메인(속성값의 범위)
- 속성값의 분포 특성(대칭, 비대칭 등)
  - 대칭 / 비대칭 분포
  - 실젯값의 주요 분포 범위
  - 값의 표준편차(예를 들어, 주어진 속성에 대한 평균값으로부터 떨어진 2개 이상의 표준편차는 잠재적인 이상치(outlier) 점으로 볼 수도 있다)
- 속성 간의 의존성
  - 속성 A의 값이 같은 투플의 속성 B 값이 반드시 같다면, 속성 A와 속성 B 간의 함수적 종속성이 존재한다고 말하며, A → B로 표시한다.

데이터 분석가는 코드 사용의 불일치와 데이터 표현의 불일치를 주의해야 한다. 이러한 사항에 대해서 다음 3가지 규칙(rule)에 대한 검토가 이루어져야 한다.

- 유일 규칙(Unique Rule) : 주어진 속성의 값이 같은 속성의 다른 값들과는 달라야 한다.
- 일관 규칙(Consecutive Rule) : 최솟값과 최댓값 사이에 결측값이 없어야 한다.
- 무 규칙(Null Rule) : 공백, 물음표, 특수문자 등과 같이 데이터가 없음을 가리키는 다른 문자의 사용이 가능하다.

모순점 포착 단계에서 도움이 될 만한 다른 상용 도구들이 있는데, 여기에는 데이터 세정 도구(Data Scrubbing Tool)와 데이터 감사 도구(Data Auditing Tool)가 있다. 데이터 세정 도구는 여러 근원지에서 발생한 데이터를 정제할 때, 오류를 감지하고 이를 수정하기 위해서 단순한 도메인 지식을 사용한다. 이런 도구들은 구문 분석 (Parsing)과 퍼지 매칭(Fuzzy maching) 기술에 의존한다. 데이터 감사 도구는 규칙과 관계를 탐색하여 분석하고, 이런 조건에 위배되는 데이터를 찾아냄으로써 모순을 찾아내는 도구다. 이런 도구들은 상관관계를 찾기 위해 정적 분석을 한다거나, 이상점을 찾기 위해 클러스터링을 한다거나, 앞서 나온 기본 정적 데이터 묘사에서도 사용이 가능하다는 점에 있어서 데이터 마이닝 도구의 변종이라고 볼 수도 있다. 상용 도구는 데이터 변환 단계에서도 도움이 될 수 있는데, 데이터 이관 도구(Data Migration Tool)는 필드를 변환하는 등의 단순한 변환을 지정하여 수행할 수 있다. ETL(Extraction/Transformation/Loading) 도구는 사용자가 GUI를 통해 변형을 지정할 수가 있다. 이런 도구들은 제한된 변형들을 제공하기 때문에 데이터 정제 처리를 위한 별도의 사용자 스크립트를 작성할 수도 있다.

모순점 포착과 데이터 변환의 반복

두 번째 단계는 모순점이 발견된 데이터에 대한 변환 과정의 반복이다. 이 과정은 오류가 발생하기 쉽고 시간도 많이 소요되는 편이다. 어떤 변환은 더 많은 모순을 가져올 수도 있다. 또, 어떤 내재된 모순은 다른 것들이 모두 수정된 후에야 감지될 수도 있다. 예를 들어, 년도에 "20001"이라는 타이핑이 들어갔다면, 이 모순점은 다른 모든 날짜 값들이 일관된 형식으로 변환될 때가 되어서야 잘못되었다는 것을 알 수 있다. 종종 사용자 피드백 없이 변환을 일괄 처리(batch process) 형태로 수행되는 경우가 있을 수 있는데, 이런 경우에는 모든 변환을 마친 뒤에야 사용자가 이를 찾아 확인할 수 있다. 따라서 이러한 반복들은 사용자가 만족스러운 데이터를 얻기까지 꽤나 많은 횟수가 이루어지는 경우가 일반적이다.

데이터 변환에 대한 접근 방법으로 상호 작용을 하는 방식이 있다. 도공의 물레(Potter's Wheel)와 같이 모순점 포착과 변환 기능을 통합한 데이터 정제 도구가 그 전형적인 예다. 사용자는 스프레드시트와 같은 인터페이스상에서 한 번에 한 단계씩 차례로 합성과 각 변환의 디버깅을 통해 일련의 변환들을 생성해낸다. 이 변환은 제공되는 예제나 시각적인 선택을 통해 지정될 수 있고, 결과는 즉시 화면에 반영된다. 사용자는 결과를 보고 추가로 오류가 생기는 변환은 다시 되돌릴 수도 있다.

다른 접근 방법으로는 SQL과 같은 선언형 언어를 개발하는 방법이 두드러진다. SQL을 활용한 데이터 전처리는 관계형 데이터베이스 기반의 데이터를 대상으로 매우 효과적이다. 또한, 특별한 도구(tool) 없이도 적용 가능하다. 이 책에서도 회귀분석과 같은 일부 통계적 분석 기법을 제외한 상당수의 전처리 기법들을 SQL을 통해서 구현 가능함을 보여주고 있다.

제 3 장

데이터 통합

데이터 통합(Data Integration)은 여러 데이터 저장소로부터 온 데이터들의 합병을 의미한다. 데이터웨어하우스(data warehouse)나 데이터마이닝 같은 데이터 분석 작업은 다수의 데이터 원천으로부터 데이터를 하나의 통일된 데이터 저장소로 결합시키는 데이터 통합 작업을 필요로 한다. 데이터 원천은 데이터베이스나 데이터 큐브, 플랫 파일(flat file) 등 다양한 형태로 존재한다. 이제부터 데이터 통합에서 고려해야 할 몇 가지 사항에 대하여 살펴보자.

3.1

개체의 식별

여러 데이터 원천들로부터 데이터를 통합할 때, 동일한 의미의 개체들이 서로 다르게 표현되어 있다면 이들을 어떻게 일치시킬 수 있을까? 이런 문제를 개체 식별 문제(Entity Identification Problem)라고 한다. 예를 들어서, customer_id라는 필드가 어떤 데이터베이스에 있고, 또 다른 데이터베이스에 cust_number가 있다고 가정해보자. 과연 데이터 분석가나 컴퓨터는 어떻게 이것들을 같다고 확신할 수 있을까?

이러한 문제의 해결을 위해서는 메타데이터의 활용이 중요하다. 주지하다시피, 각 속성의 메타데이터는 이름과 의미, 데이터 타입, 허용되는 값의 범위, 무규칙(null rule) 등을 포함하고 있다. 이러한 메타데이터는 스키마 통합 과정에서 오류를 피하는 데 도움을 준다. 예를 들어, A 데이터베이스상의 customer 테이블의 customer_id가 있고, B 데이터베이스상의 cust 테이블의 cust_id가 있다고 가정해 보자. customer_id는 customer 테이블의 PK(Primary Key, 기본 키)이고 cust_number는 cust 테이블의 PK이며, 두 속성 다 동일한 데이터 타입과 도메인을 가지고 있다고 한다면, 두 속성은 이름은 다르지만 동일한 속성으로 판단할 수 있다. 즉, 데이터 통합 시에 하나의 일원화된 속성으로 정의가 가능하고 customer 테이블과 cust 테이블 간의 투플 연계도 가능하다. 다만, 한 데이터베이스의 어떤 속성을 다른 데이터베이스의 속성과 매칭하여 통합할 때, 속성의 데이터 타입이나 도메인뿐만 아니라 기본 키 여부, 참조무결성(외래키) 관계[3], 함수적 종속 관계[4] 등을 종합적으로 고려하여 속성의 동일성 여부를 판단해야 한다.

또한, 메타데이터는 데이터를 변환하는 데 도움을 줄 수도 있다. 예를 들어, A 데이터베이스에서는 성별에 대한 데이터 코드가 'M', 'F'이고, B 데이터베이스에서는 '1', '2'가 될 수 있다. 이러한 코드 표현의 차이는 데이터 통합 과정에서 최소 어느 한 쪽 DB에 대한 데이터 변환을 필요로 한다.

---

3) 참조무결성(referential constraint): 참조하는 테이블의 외래키(foreign key)의 속성값은 반드시 참조하는 테이블의 기본 키(primary key) 속성값 중 하나이어야 한다.

4) 함수적 종속 관계(functional dependancy): 속성 X, Y에 대하여, $x1(\in X)=x2(\in X)$이면 $y1(\in Y)=y2(\in Y)$임을 보장할 때 속성 Y는 속성 X에 함수적으로 종속되어 있다고 하며 $X \rightarrow Y$로 표기한다. 이때 X를 결정자(determinant)라 하고 Y를 의존자(dependent)라고 한다.

3.2 중복

중복(Redundancy)은 데이터 통합에 있어서 또 다른 중요한 사항이다. 어떤 속성은 다른 속성이나 속성의 집합으로부터 유도될 수 있다. 이러한 속성을 유도 속성(derived attribute)이라고 한다. 예를 들어, 연령 속성을 생년월일 속성으로부터 값을 유도할 수 있기 때문에 연령 속성은 생년월일 속성의 유도 속성이다. 연간소득 속성은 월소득 속성의 유도 속성이며, 총점 속성은 각 과목 점수 속성 집합의 유도 속성이다. 유도 속성은 일반적으로 데이터베이스 조회 성능을 높이기 위해 반정규화[5] 과정에서 정의된다. 유도 속성은 성능 향상에 도움이 되지만, 데이터 중복을 허용하는 과정으로 데이터 불일치 문제를 야기할 수 있다. 예를 들어, 월소득 속성값이 100만 원인데 연소득 속성값이 1,000만 원이라면 적어도 둘 중 하나의 속성값에 오류가 존재한다는 의미이다.

---

5) 반정규화(de-normalization): 정규화(normalization)의 반대 개념으로 유도 속성의 정의, 릴레이션의 수직/수평 분할 등이 있다. 일반적으로 정규화가 데이터 중복을 제거하는 과정이라면, 반정규화는 성능 향상을 위해 데이터 중복을 허용하는 과정으로 볼 수 있다.

또한, 정규화되지 않은 테이블을 사용하는 것도 데이터 중복의 또 다른 원인이 된다. 예를 들어, 일부러 정규화를 진행하지 않은 채 테이블을 사용하는 경우가 있다. 이는 조인을 피함으로써 성능을 향상시키기 위해 종종 사용되는데 이러한 테이블 구조는 데이터 중복으로 인한 데이터 일관성 저해의 문제를 일으킬 수 있다. 이름과 주소 정보를 키로 하여 구매자의 주문을 저장하는 데이터베이스를 예로 들어보자. 이 데이터베이스에서 같은 이름에 다른 주소를 갖는 경우에 대해 데이터 불일치가 발생할 수도 있다. 정규화 관점에서 보면 구매자 주소는 구매자의 구매 품목과는 별개의 테이블에 저장되어야 한다. 구매 테이블의 키가 (구매자 번호+구매 일시)라고 가정할 때 주소는 키에 부분 함수적 종속 관계[6]에 있으므로 제2정규화 원칙에 따라 구매자 번호와 함께 별도의 테이블로 분리 설계되어야 한다. 그러나 조회 성능 향상을 위해 테이블을 분리하지 않았을 때에는 같은 구매자 번호에 대해서 다른 주소가 존재할 가능성은 언제든지 있다. 이러한 문제의 해결은 데이터 정제의 영역으로 어떠한 절대적인 해결책이 있다기보다는 데이터 정제 시에 가장 데이터 정확성을 높이는 방향으로 정제 룰(cleansing rule)을 정의하여 일괄 적용할 수밖에 없는 것이다. 이러한 점 때문에 데이터 전처리는 데이터 정확성(품질)을 높이기 위해 과정에서의 전략적인 의사결정이 중요한 것이다.

---

6) 부분 함수적 종속 관계(partial functional dependancy): 함수적 종속 관계에서 결정자가 복합속성일 경우에 결정자를 구성하는 일부 속성으로만 의존자와의 함수적 종속 관계가 성립할 때, 부분 함수적 종속 관계에 있다고 한다.

3.3 상관분석

어떤 중복들은 상관분석(Correlation Analysis)을 통해 탐지할 수 있다. 두 속성 간에 엄격한 함수적 종속 관계가 성립하지는 않지만, 상관분석을 통해서 한 속성이 다른 속성을 얼마나 강하게 암시하는지를 사용 가능한 데이터를 토대로 측정할 수 있다. 두 속성 간에 상관도가 높다면 두 속성을 중복으로 보고 그중 하나의 속성을 제거할 수 있다. 두 속성 간 상관도는 데이터 타입에 따라 다르게 구할 수 있다.

3.3.1 수치형 데이터: 상관계수

수치 속성에 대하여 속성 A와 B의 상관계수(correlation coefficient)는 다음과 같이 측정될 수 있다.

$$r_{A,B} = \frac{\sum_{i=1}^{N}(a_i - \overline{A})(b_i - \overline{B})}{N\sigma_A\sigma_B} = \frac{\sum_{i=1}^{N}(a_i b_i) - N\overline{A}\,\overline{B}}{N\sigma_A\sigma_B} \qquad \text{식(3-1)}$$

- N : 투플의 개수
- a_i, b_i : 투플 i에서의 속성 A, B의 값
- $\overline{A}$, $\overline{B}$: 속성 A, B의 평균값
- σ_A, σ_B : 속성 A, B의 표준편차

상관계수 결과 값의 범위는 −1에서 +1 사이를 만족한다.($-1 \leq r_{A,B} \leq +1$) 상관계수 $r_{A,B}$의 해석은 다음과 같다

- $r_{A,B} \geq 0$

속성 A, B는 양의 상관관계(positively correlated)를 가진다. 즉, B 값이 증가함에 따라서 A의 값이 증가한다.

- $r_{A,B} \leq 0$

속성 A, B는 음의 상관관계(negatively correlated)를 가진다. 즉, B 값이 증가함에 따라서 A의 값은 감소한다.

- $r_{A,B} = 0$

속성 A, B는 독립적이며 둘 사이에 상관관계가 없다.

그리고 상관계수 $r_{A,B}$의 절댓값이 클수록 더 강한 상관성이 있다는 의미이다. 일반적으로 두 속성 간 상관성이 클수록 중복 속성으로 판단해서 하나의 속성을 분석 대상에서 배제해도 분석 결과에 큰 영향을 주지 않음을 의미한다. 다만, 상관관계가 인과관계를 직접 의미하는 것은 아니다. 예를 들어, 인구통계 데이터베이스 분석에서 어떤 지역의 병원 수와 자동

차 수 사이에 상관관계를 발견한다 하더라도 병원 수와 자동차 수 사이에 어떤 인과관계가 존재한다기보다는 두 속성 다 인구에 대한 인과관계로 보는 것이 타당하다. 이는 상관분석상 강한 상관관계를 나타낸다고 하더라도 중복 속성 여부를 판단할 때는 해당 분야 도메인 지식을 충분히 고려해서 최종 판단하는 것이 바람직함을 보여 준다.

실무 예제 3-1

다음은 2013년 전국 주요 지점별 유동 인구 현황의 일부이다. 남자 20대 vs. 여자 20대, 남자 10대 vs. 여자 50대의 상관계수를 구하여 비교하고, 중복 속성으로 판단할 수 있을지 검토해 보시오.

⊙ 데이터 파일 : ch3-1(유동인구수).csv

⊙ 원본 투플 수 : 23,221개

조사일자	시간대	X좌표	Y좌표	행정구역명	남자 10대	남자 20대	남자 30대	남자 40대	남자 50대	여자 10대	여자 20대	여자 30대	여자 40대	여자 50대
2010-06-21	12시~13시까지	343099	417482	대전광역시 서구 월평동	2	24	68	50	31	4	37	64	44	26
2010-06-21	19시~20시까지	343099	417482	대전광역시 서구 월평동	19	44	28	33	21	14	56	49	43	18
2010-06-20	12시~13시까지	343099	417482	대전광역시 서구 월평동	13	33	34	61	55	13	32	29	28	12
2010-06-20	19시~20시까지	343099	417482	대전광역시 서구 월평동	23	33	32	547	129	12	39	13	46	4
2010-06-21	12시~13시까지	343121	417343	대전광역시 서구 월평동	0	9	27	21	6	5	24	20	10	6

출처: 공공데이터포털(www.data.go.kr)

```
# 데이터로드 (ch3-1(유동인구수).csv : 데이터 원본 파일) (in R)
d_base3_1 <- read.csv('ch3-1(유동인구수).csv', sep=",")

# SQL활용을 위한 패키지 불러오기
library(sqldf)
library(tcltk)
```

1) 상관계수 분석 - 통계함수 활용

```
# 상관계수 분석 (남자20대 vs. 여자20대)
d_res1 <- cor(d_base3_1$남자20대, d_base3_1$여자20대,
          use="complete.obs")

# 상관계수 분석 (남자10대 vs. 여자50대)
d_res2 <- cor(d_base3_1$남자10대, d_base3_1$여자50대,
          use="complete.obs")

# 결과보기
d_res1
d_res2
```

결과

```
> d_res1
[1] 0.8472798
> d_res2
[1] 0.2632233
```

2) 상관계수 분석 - SQL 활용

```
# SQL을 이용한 상관계수 분석 (남자20대 vs. 여자20대)
d_res1 <- sqldf("select (A.col1 - B.col2) / C.col3  d_res1
                from ( select sum(남자20대 * 여자20대) col1
                       from d_base3_1 ) A,
                     ( select count(*) * avg(남자20대) *
                       avg(여자20대) col2
                       from d_base3_1 ) B,
                     ( select count(*) * stdev(남자20대) *
                       stdev(여자20대) col3
                       from d_base3_1 ) C")

# SQL을 이용한 상관계수 분석 (남자10대 vs. 여자50대)
d_res2 <- sqldf("select (A.col1 - B.col2) / C.col3  d_res2
                from ( select sum(남자10대 * 여자50대) col1
                       from d_base3_1 ) A,
                     ( select count(*) * avg(남자10대) *
                       avg(여자50대) col2
                       from d_base3_1 ) B,
                     ( select count(*) * stdev(남자10대) *
                       stdev(여자50대) col3
                       from d_base3_1 ) C")

# 결과보기
d_res1
d_res2
```

결과

```
> d_res1
     d_res1
1 0.8472433
> d_res2
    d_res2
1 0.263212
```

◘ 남자 20대와 여자 20대의 상관계수는 0.84 이상으로 두 속성 사이에는 강한 양의 상관관계가 존재한다. 반면, 남자 10대와 여자 50대의 상관계수는 0.26 정도로 두 속성 사이의 상관관계는 약한 양의 상관관계로 볼 수 있다. 결론적으로 위 분석 결과상으로는 남자 20대와 여자 20대를 중복 속성으로 판단하여 하나의 속성을 분석 대상에서 제외해도 전체적인 분석 결과에는 큰 영향을 미치지 않을 것으로 추정할 수 있다.

cor()는 인수로 사용된 두 속성 간의 상관계수를 구하는 R 함수이다. use="complete.obs"는 결측값이 존재할 경우, 해당 투플을 연산에서 제외하는 옵션이다. 2)에서 제시된 SQL은 식 (3-1)을 표현한 것이다. cor()함수를 이용한 방식과 SQL을 이용한 방식의 결과 값 사이에 미세한 차이는 존재하나 오차가 0.0001 이하로 무시할 만하다.

3.3.2 범주형(이산형) 데이터 : 카이제곱검정

범주형(이산형) 데이터인 경우, 속성 A와 B 사이의 상관관계는 피어슨(Pearson)의 카이제곱(χ^2)검정에 의해 측정될 수 있다. 속성 A가 c개의 범주 값 $a_1, a_2, ..., a_c$를 취하고, 속성 B는 r개의 범주 값 $b_1, b_2, ..., b_r$을 취한다고 가정하자. 그러면, 속성 A와 B에 의해 구성되는 투플은 c개의 열과 r개의 행으로 구성되는 분할표로 표현될 수 있다. (A_i, B_j)를 속성 A가 a_i를 취하고 속성 B가 b_j를 취하는 투플이라고 할 때, χ^2은 다음과 같이 정의된다.

$$\chi^2 = \sum_{i=1}^{c} \sum_{j=1}^{r} = \frac{(o_{ij} - e_{ij})^2}{e_{ij}} \qquad 식(3\text{-}2)$$

- o_{ij} : (A_i, B_j)에 대한 관측도수(observed frequency; 실제로 존재하는 (A_i, B_j) 투플 수)
- e_{ij} : (A_i, B_j)에 대한 기대도수(expected frequency; 확률적으로 기대되는 (A_i, B_j) 투플 수)

e_{ij}는 다음과 같이 계산된다.

$$e_{ij} = \frac{count(A = a_i) \times count(B = b_j)}{N} \qquad 식(3\text{-}3)$$

- N : 데이터 투플 수
- $count(A = a_i)$: 속성 A에 대하여 a_i를 갖는 투플 수
- $count(B = b_i)$: 속성 B에 대하여 b_j를 갖는 투플 수

식 (3-2)에서의 합계는 분할표상의 $r \times c$ 개의 모든 셀에 대하여 계산된다. 따라서 χ^2 값에 가장 크게 기여하는 칸은 실제 관측도수와 기대도수의 차이가 매우 큰 셀이다.

이러한 χ^2 통계량은 속성 A와 B가 독립이라는 가설을 검증한다. 이 검정은 자유도 $(r-1) \times (c-1)$을 갖는 유의수준에 근거하여 검정한다.

예제 **카이제곱 통계량을 이용한 범주형 속성에 대한 상관분석**

어떤 설문조사에서 1,500명의 사람들을 대상으로 각 사람에 대한 성별과 선호 글의 픽션 여부 간의 상관관계를 분석하고자 한다. 성별 속성값은 'male', 'female'이 있고, 픽션 여부 속성값은 'fiction'과 'non-fiction'이 있다. 성별 속성값 분포는 male:female=300:1,200이고 픽션 여부 속성값 분포는 fiction:non-fiction=450:1,050이다. 이들 속성의 조합에 대한 관측도수를 기록한 2×2 분할표는 다음과 같다.

	male	female	Total
fiction	250	200	450
non–fiction	50	1000	1050
Total	300	1200	1500

표에서 각 셀에 대한 기대도수는 식 (3-3)에 의해 구할 수 있다. 예를 들어, 셀 (female, fiction)의 기대도수는

$$e_{12} = \frac{count(female) \times count(fiction)}{N} = \frac{1200 \times 450}{1500} = 360$$

이와 같은 방식으로 다른 셀에 대한 기대도수를 구하면 다음과 같은 기대도수 분할표를 얻는다.

	male	female	Total
fiction	90	360	450
non–fiction	210	840	1050
Total	300	1200	1500

이제 식 (3-2)에 의해서 χ^2 통계량을 구하면 다음과 같다.

$$\chi^2 = \frac{(250-90)^2}{90} + \frac{(50-210)^2}{210} + \frac{(200-360)^2}{360} + \frac{(1000-840)^2}{840}$$

$$= 284.44 + 121.90 + 71.11 + 30.48 = 507.93$$

χ^2 통계량을 산출하였으므로 카이제곱 검정 방식에 의해 유의수준 0.05 수준에서의 두 속성 사이에 연관성이 있다라는 가설을 검증해 보자. 본 예제에서의 자유도는 (2−1)×(2−1)=1이 된다. 자유도 1일 때, χ^2 통계량(507.93)에 대한 유의확률(p-value)은 2.2e−16이다(이 수치는 자유도 1일 때의 카이제곱분포로 획득 가능함). 이는 유의수준 0.05보다 훨씬 작은 값으로서 대립가설(두 속성은 연관성이 있다)[7]은 채택된다. 자유도 1일 때 유의수준 0.05로 대립가설을 기각하는 데 필요한 값은 3.842로서 이 값보다 작아야 가설이 기각되는데, χ^2 통계량은 507.93으로 3.842에 비해 매우 크므로 가설은 채택되고, 실제 두 속성 사이에는 강한 연관성이 있다고 결론지을 수 있다.

7) 상관분석 검정의 가설은 크게 귀무가설(두 속성은 연관성이 없다)과 대립가설(두 속성은 연관성이 있다)로 나누어진다.

실무 예제 3-2

다음은 2013년 전라남도 유망중소기업 지정업체 명단의 일부이다. 시군 속성과 지정구분 속성 간의 연관성 여부를 카이제곱검정 방법에 의해 판단해 보시오(단, 유의수준은 0.05이다).

⊙ 데이터 파일 : ch3–2(유망중소기업현황).csv

⊙ 원본 투플 수 : 386개

연번	시군	지정구분	기업명	대표자	소 재 지	주생산품	전화번호(061)	비고 (지정번호)
1	목포시	기술유망	브로드컴㈜	이봉헌	목포시 석현동 1175(벤처지원 202)	정보통신	284-0017	11월 01일
2	목포시	기술유망	㈜케이에스	김시오	목포시 연산동1236-3	용접철망외	1588-4118	11월 02일
3	목포시	기술유망	삼진물산(주)	김관석	목포시 연산동 1239-1	참치통조림	270-6113	11월 03일
4	목포시	기술유망	㈜해성	전재두	목포시 연산동1237-3	가드레일외	1588-2811	11월 04일
5	목포시	기술유망	(유)한국메이드	이승룡	목포시 연산동 1238-4	선박블록	278-4411	11월 05일
6	목포시	수출유망	환길산업	박승남	목포시 산정동 1780-1	해조류	272-7147	11월 06일

출처: 공공데이터포털(www.data.go.kr)

```
# 데이터로드 (ch3-2(유망중소기업현황).csv : 데이터 원본 파일) (in R)
d_base3_2 <- read.csv('ch3-2(유망중소기업현황).csv', sep=",")

# SQL활용을 위한 패키지 불러오기
library(sqldf)
library(tcltk)

# 두 속성(시군, 지정구분)을 대상으로 관측도수 분할표 생성
# 원본에서 대상 속성 추출
d_base_p <- d_base3_2[,2:3]

# 관측도수 분할표 생성
d_cont <- sqldf("select 시군
        , count(case when 지정구분='기술유망' then 1 end) 기술유망
        , count(case when 지정구분='수출유망' then 1 end) 수출유망
        , count(case when 지정구분='지역특화' then 1 end) 지역특화
              from d_base_p
              group by 시군")

d_cont          # 관측도수 분할표 보기

# 카이제곱 통계량 산출
chi_res <- chisq.test(d_cont[,2:4])

chi_res     # 결과보기
```

결과

```
> d_cont          # 관측도수 분할표 보기
    시군  기술유망  수출유망  지역특화
1  강진군        2        1        4
2  고흥군        5        1        0
3  곡성군        5        1        0
4  광양시       37        7        6
5  구례군        6        1        1
                ...
>
> # 카이제곱 통계량 산출
> chi_res <- chisq.test(d_cont[,2:4])
경고메시지(들):
In chisq.test(d_cont[, 2:4]) :
  카이제곱 approximation은 정확하지 않을수도 있습니다
>
> chi_res   # 결과보기

        Pearson's Chi-squared test

data:  d_cont[, 2:4]
X-squared = 54.544, df = 42, p-value = 0.09287
```

◘ 우선 원본 데이터 파일을 대상으로 관측도수 분할표부터 만들어야 한다. 관측도수 분할표는 SQL을 활용하여 만들었다. 시군별로 그룹핑하고 도수를 구하기 위해 count() 함수를 활용하였는데, 지정구분별 도수 집계를 위해 case when .. then .. end문을 활용하였다. 변수 d_cont에 관측도수 분할표를 저장하고 카이제곱 통계량(X-squared), 자유도(df), 유의확률(p-value) 산출을 위해 R 함수인 chisq.test()를 활용하였다.

chisq.test() 적용 결과, 카이제곱 통계량은 54.544를, 자유도는 42를, 유의확률은 0.09287을 각각 얻었다. 자유도는 시군 개수 22개, 지정구분 3개로부터 (22−1)×(3−1)=42로부터 나온 결과이다. 유의확률은 0.09287로 유의수준 0.05보다 크므로 귀무가설(두 속성은 연관성이 없다)이 채택된다. 결론적으로, 시군과 지정구분 사이에는 큰 연관성이 없는 것으로 판단할 수 있다.[8]

수행결과 중에 **"경고메시지(들): In chisq.test(d_cont[, 2:4]) : 카이제곱** approximation**은 정확하지 않을 수도 있습니다"**가 나오는 이유는 분석 대상의 모수(도수)가 충분치 않기 때문이다. 모수가 충분하지 않을 때에는 결과가 왜곡될 수 있음을 경고하는 것으로 볼 수 있다.

---

8) 유의수준에 따라 귀무가설과 대립가설 중 어느 쪽이 선택될지 달라질 수 있다. 이 경우는 유의수준을 5%에서 10%로 상향시키면 대립가설(연관성이 있음)이 채택될 것이다. 그러나 p-value 수치상 강한 연관성이 있다고 주장하기는 힘들 것이다.

3.3.3 데이터 값 충돌의 탐지와 해결

서로 다른 데이터 원천으로부터 온 데이터들의 통합 시에는 동일한 개체에 대해서도 속성값들이 서로 다를 수 있다. 원인은 다양하다. 표현(representation), 척도(scaling), 부호화(encoding) 등의 차이 등이 그것이다. 거리를 나타내는 속성을 예로 들면, 한쪽 DB에서는 미터(meter) 단위로 다른 쪽 DB에서는 마일(mile) 단위로 저장되어 있을 수 있다. 데이터 레벨의 차이가 있을 수도 있다. 학생 성적에 관련된 데이터에 대하여 한쪽 DB에는 학생의 과목별 점수가 저장되어 있고, 다른 쪽 DB에는 총점과 평균만 저장되어 있을 수 있다. 동일한 개체의 동일한 값이 데이터 원천에 따라 다르게 표현되어 있는 이러한 경우에는 데이터 통합 시에 기준을 정해서 그 기준에 따라 데이터 값을 변환하여 통합시키는 것이 필요할 것이다.

통합 과정에서 한쪽 DB에서 다른 쪽 DB로 속성을 일치시킬 때에 데이터 구조에도 특별한 주의를 기울여야 한다. 원천 시스템의 기능적 종속성과 제약 사항들이 목표 통합시스템의 그것들과 일치하도록 해야 한다. 예를 들어, 한 시스템에서는 할인이 총 주문 금액에 적용되는 반면 다른 시스템에서는 주문을 구성하는 개별 항목에 적용될 수 있다. 이러한 점들을 통합 이전에 확인하고 적절한 기준을 정하여 통합된 후에도 관련 규칙(rule)들이 적용될 수 있도록 해야 한다.

데이터의 의미적 이질성과 데이터 구조는 데이터 통합에 여러 가지 난제를 던져준다. 데이터 통합 시 이러한 문제들은 여러 가지 유형으로 나타날 수 있으며, 해결책 또한 문제 유형 만큼 다양할 수 있다. 통합 시 발생하는 문제들 각각을 신중하게 해결하는 것은 통합 데이터에서 발생할 수 있는 중복과 불일치의 문제를 최소화시키는 데 도움을 줄 뿐만 아니라 순차적인 마이닝 절차의 정확성과 속도를 개선시켜주는 데에도 도움이 될 것이다.

제 4 장

데이터 축소

방대한 양의 데이터를 대상으로 복잡하게 데이터를 분석하고 마이닝 기법을 적용한다면 매우 많은 시간이 소요되므로 분석이 현실적이지 않을 수 있다. 데이터 축소(data reduction) 전략에는 크게 차원적 축소(dimensionality reduction)와 수치적 축소(numerosity reduction)가 있다. 차원적 축소는 데이터 인코딩 스키마를 적용하여 압축되거나 축소된 표현을 제공함을 의미한다. 수치적 축소는 모수적 모형(parametric model)[9]이나 비모수적 모형(non-parametric model)[10]을 사용하여 데이터를 대체함을 의미한다. 어떠한 데이터 축소 기법을 적용하든 대전제는 축소된 데이터 집합에 대한 데이터 분석 결과는 원본 데이터 집합에 대한 데이터 분석 결과와 거의 동일한 결과를 산출해야 한다는 것이다.

---

9) 모수적 모형(parameteric model): 모수의 특성을 활용하는 모형으로 모집단이 정규 분포를 띤다는 가정하에 표본 통계량으로 모집단 통계량을 추정

10) 비모수적 모형(nonparameteric model): 모수의 특성을 활용하지 않는 모형으로 군집화, 표본추출, 히스토그램 등이 대표적인 예

4.1
데이터큐브 집계

데이터큐브(data cube)는 데이터웨어하우스(DW)에서 나오는 용어로서 다차원의 집계 정보를 의미한다. 데이터큐브를 구성하는 각 셀은 다차원 공간에서 데이터 포인트에 일치하는 집단화된 데이터(aggregated data)를 가지고 있다. 즉, 원천 데이터를 여러 관점에서의 추상화시켜 데이터 축소를 구현한다. [그림 4.1]은 연도별/지점별/품목별 데이터큐브로 오른쪽의 큐브는 왼쪽의 표에 대한 개념적인 모형이다.

연도	지점="명동지점"			지점="강남지점"			지점="잠실지점"		
	품목별 총판매금액			품목별 총판매금액			품목별 총판매금액		
	화장품	양주	컴퓨터	화장품	양주	컴퓨터	화장품	양주	컴퓨터
2002	100	150	500	200	250	1000	900	300	500
2001	120	100	400	140	200	600	600	290	450
2000	150	50	200	160	100	450	200	300	200

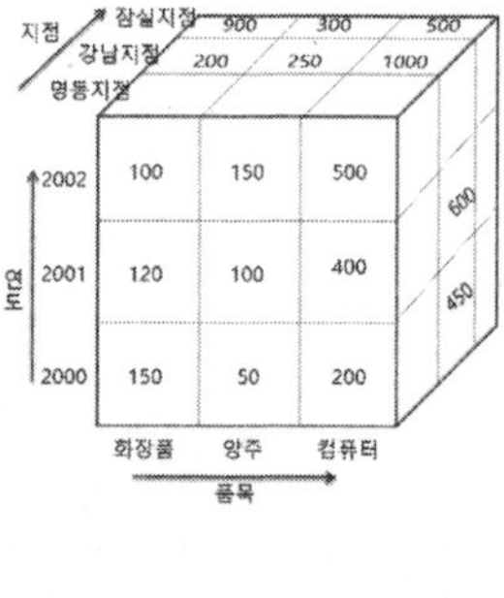

[그림 4.1] 데이터큐브의 예

데이터큐브는 추상화 레벨(단계) 또한 다양하게 가져갈 수 있다. 최하위 추상 레벨에서 만들어지는 큐브를 기본 큐보이드(base cuboid)라고 하고, 최상위 추상 레벨에서 만들어지는 큐브를 정점 큐보이드(apex cuboid)라고 한다. 데이터 큐브는 사전 계산(precomputed)되고, 요약된(summerized) 데이터에 신속한 접근할 수 있도록 하며, 그 때문에 데이터 마이닝과 같은 분석적 처리가 가능하다.

실무 예제 4-1

다음은 2015년 국내 대학 현황이다. 데이터큐브 집계를 이용하여 학제별/지역별/설립별로 재학생 수 합계로 데이터를 축소시키시오.

⊙ 데이터 파일 : ch4-1(국내대학현황).csv

⊙ 원본 투플 수 : 1,930개

학제	학교명	지역	설립	재적학생수	재학생수	휴학생수	총장및전임교원수
전문대학	한국철도대학	경기	국립	180	134	46	-
전문대학	강원도립대학	강원	공립	1,658	900	758	31
전문대학	경남도립거창대학	경남	공립	1,614	955	659	31
전문대학	경남도립남해대학	경남	공립	1,639	846	793	25
전문대학	경북도립대학교	경북	공립	1,389	930	459	32

출처: 공공데이터포털(www.data.go.kr)

```
-- cube(), grouping() 함수를 이용한 데이터큐브 뷰(view) 생성
create or replace view v_base4_1
as
select decode(grouping(지역), 1, '총계', 지역) 지역
     , decode(grouping(학제), 1, '총계', 학제) 학제
     , decode(grouping(설립), 1, '총계', 설립) 설립
     , sum(재학생수) 재학생수
from d_base4_1
group by cube(지역, 학제, 설립) ;

select * from v_base4_1

-- (1) 지역/학제/설립 별 재학생수
select 지역, 학제, 설립, 재학생수
from v_base4_1
where 지역 <> '총계' and 학제 <> '총계' and 설립 <> '총계' ;

-- (2) 지역/학제 별 재학생수(설립 집계 레벨)
select 지역, 학제, 재학생수
from v_base4_1
where 지역 <> '총계' and 학제 <> '총계' and 설립 = '총계' ;

-- (3) 학제/설립 별 재학생수(지역 집계 레벨)
select 학제, 설립, 재학생수
from v_base4_1
where 지역 = '총계' and 학제 <> '총계' and 설립 <> '총계' ;
```

```
-- (4) 지역/설립 별 재학생수(학제 집계 레벨)
select 지역, 설립, 재학생수
from v_base4_1
where 지역 <> '총계' and 학제 = '총계' and 설립 <> '총계' ;

-- (5) 지역 별 재학생수(학제/설립 집계 레벨)
select 지역, 재학생수
from v_base4_1
where 지역 <> '총계' and 학제 = '총계' and 설립 = '총계' ;

-- (6) 학제 별 재학생수(지역/설립 집계 레벨)
select 학제, 재학생수
from v_base4_1
where 지역 = '총계' and 학제 <> '총계' and 설립 = '총계' ;

-- (7) 설립 별 재학생수(지역/학제 집계 레벨)
select 설립, 재학생수
from v_base4_1
where 지역 = '총계' and 학제 = '총계' and 설립 <> '총계' ;

-- (8) 총 재학생수 (지역/학제/설립 집계 레벨)
select 재학생수
from v_base4_1
where 지역 = '총계' and 학제 = '총계' and 설립 = '총계' ;
```

결과

(1) 지역/학제/설립 별 재학생수

지역	학제	설립	재학생수
강원	대학교	국립	30273
강원	대학교	사립	44387
강원	교육대학	국립	1395
강원	기능대학	사립	488
강원	전문대학	공립	900
강원	전문대학	사립	14136
강원	대학부설대학	국립	3968
강원	대학부설대학	사립	2070
강원	대학부설대학	국립대법인	16
경기	대학교	국립	3901
경기	대학교	사립	170483

(2) 지역/학제 별 재학생수(설립 집계 레벨)

지역	학제	재학생수
강원	대학교	74660
강원	교육대학	1395
강원	기능대학	488
강원	전문대학	15036
강원	대학부설대학	6054
경기	대학교	174384

(3) 학제/설립 별 재학생수(지역 집계 레벨)

학제	설립	재학생수
대학교	공립	9516
대학교	국립	299708
대학교	사립	1173614
대학교	국립대법인	32550
대학교	특별법국립	569
대학교	특별법법인	4893

(4) 지역/설립 별 재학생수(학제 집계 레벨)

지역	설립	재학생수
강원	공립	900
강원	국립	35636
강원	사립	61081
강원	국립대법인	16
경기	국립	8479
경기	사립	348163

(5) 지역 별 재학생수(학제/설립 집계 레벨)

지역	재학생수
강원	97633
경기	356963
경남	97953
경북	172855
광주	96208

(6) 학제 별 재학생수(지역/설립 집계 레벨)

학제	재학생수
대학교	1520850
교육대학	15525
기능대학	17981
기술대학	112
산업대학	30344

(7) 설립 별 재학생수(지역/학제 집계 레벨)

설립	재학생수
공립	19438
국립	532595
기타	1076
사립	1974947
국립대법인	46851

(8) 총 재학생수 (지역/학제/설립 집계 레벨)

재학생수
2591552

◘ 오라클의 cube() 함수를 이용하여 데이터큐브를 뷰(view)로 만들었다. grouping(A) 함수는 속성 A가 집계된 결과이면 1을, 그렇지 않으면 0을 돌려주는 오라클 함수이다. 학제, 지역, 설립 등 3가지 속성에 대한 3차원 큐브로서 총 8가지의 집계 레벨이 도출된다. 데이터큐브 뷰에 대하여 where 조건을 명시함으로서 8가지의 각기 다른 차원의 집계 데이터를 얻을 수 있다.

4.2 속성 부분집합 선택

속성 부분집합 선택(Attribute Subset Selection)은 연관성이 낮거나 중복되는 데이터 속성을 제거하여 데이터 집합의 크기를 줄이는 기법을 의미한다. 분석하려는 데이터가 너무 많은 속성을 포함한다면, 데이터 분석 작업의 시간 효율이 떨어질 수밖에 없다. 속성 중에는 데이터 분석에 영향을 미치지 않거나 타 속성과 중복적인 성격을 띠는 것도 많이 존재할 수 있다. 이러한 속성들을 충분히 제거하지 않고 분석 작업을 할 경우, 분석 알고리즘에 혼동을 줄 수도 있으며 이로 인해서 분석 결과 패턴의 품질에도 악영향을 미칠 수 있다. 따라서 연관성이 낮거나 중복된 데이터 속성(차원)을 제거하여 데이터 집합의 크기를 줄이는 노력이 필요하다. 목표는 전체 속성에 가장 가까운 데이터 범주의 확률 분포와 최소의 속성 집합을 찾는 것이다.

그렇다면, 최소 속성 집합을 어떻게 찾을 것인가? n개의 속성들에 대해서 2^n개의 속성 조합이 가능하다. 가장 쉽게 생각할 수 있는 방법은 소모적 탐색법(exhausted search)이다.

즉, 2^n개의 가능한 속성 조합 모두를 탐색하는 것이다. 그러나 이 기법은 n이 증가할수록 엄청난 비용을 발생시키기 때문에 비현실적이다. 대신, 검색 공간을 축소하여 탐색하는 경험적(heuristic) 방법을 일반적으로 많이 사용한다. 이러한 기법들은 속성 공간을 탐색하는 동안에 매 회마다 최선으로 보이는 것을 선택한다는 점에서 탐욕적(greedy)이라고도 한다. 이 전략은 전역적으로(globally) 최적이 될 것이라는 기대 속에 지역적으로(locally) 최적인 해를 선택해 나가는 것이다. 최적 혹은 최악의 속성들은 그것들이 서로 독립적이라고 가정하는 통계적 유의성(statistical significance) 검정을 통하여 주로 결정된다. 이 밖에도 분류(classification)를 위한 의사결정트리(decision tree) 생성에 사용되는 정보이득(information gain)과 같은 속성 평가 척도를 사용할 수 있다.

경험적인 기법에는 다음과 같은 것이 있다.

1) 단계적 전진선택법(stepwise forward selection)

속성의 공집합으로 시작해서 최적의 속성들을 하나씩 추가하는 방법이다.

2) 단계적 후진제거법(stepwise backward selection)

속성의 전체 집합으로 시작해서 최악의 속성들을 하나씩 제거하는 방법이다.

3) 전진선택법과 후진제거법의 결합(combination of forward selection and backward elimination)

위 두 방법을 결합하여, 각 단계마다 최선의 속성을 선택하고 최악의 선택을 제거하는 방법이다.

4) 의사결정트리 귀납법(decision tree induction)

의사결정트리 알고리즘은 원래 데이터마이닝 기법 중 분류(classification)를 위해 고안된 것이다. 의사결정트리는 흐름도(flowchart)와 유사한 구조를 나타내는데 다음과 같은 구성 요소를 가진다.

- 비단말 노드(non-leaf): 속성에 대한 테스트
- 가지(branch): 속성 테스트 결과에 따른 흐름
- 단말 노드(leaf): 클래스 예측

이 기법은 데이터를 개별적 클래스로 분할하기 위한 최선의 속성을 각 노드에서 고르는 것으로, 트리에 나타나지 않은 모든 속성은 부적절한 것으로 판단되고, 트리에 나타나는 속성들의 집합이 축소된 속성 집합이 된다.

실무 예제 4-2

다음은 붓꽃(iris)에 대한 꽃받침 길이/너비, 꽃잎 길이/너비, 품종에 관한 데이터의 일부이다. 품종 판별에 중요한 영향을 미치는 속성의 부분집합을 의사결정트리 귀납법을 적용하여 선택하시오.

⊙ 데이터 파일: ch4–2(붓꽃데이터).csv

⊙ 원본 투플 수: 150개

일련번호	꽃받침길이	꽃받침너비	꽃잎길이	꽃잎너비	품종
1	5.1	3.5	1.4	0.2	setosa
2	4.9	3	1.4	0.2	setosa
3	4.7	3.2	1.3	0.2	setosa
4	4.6	3.1	1.5	0.2	setosa
5	5	3.6	1.4	0.2	setosa

출처: https://archive.ics.uci.edu/ml/machine-learning-databoyes/iris/iris.data

```
# 데이터로드 (ch4_2(붓꽃데이터) : 데이터 원본 파일) (in R)
d_base4_2 <- read.csv('ch4-2(붓꽃데이터).csv', sep=",")

# 패키지 로드
library(tree)

# 의사결정트리 생성
d_tree <- tree(품종 ~ 꽃받침길이 + 꽃받침너비 + 꽃잎길이 + 꽃잎너비,
data = d_base4_2)

# 의사결정트리 출력
plot(d_tree)
text(d_tree,pretty=0)  # 트리에 텍스트 정보 출력
```

결과

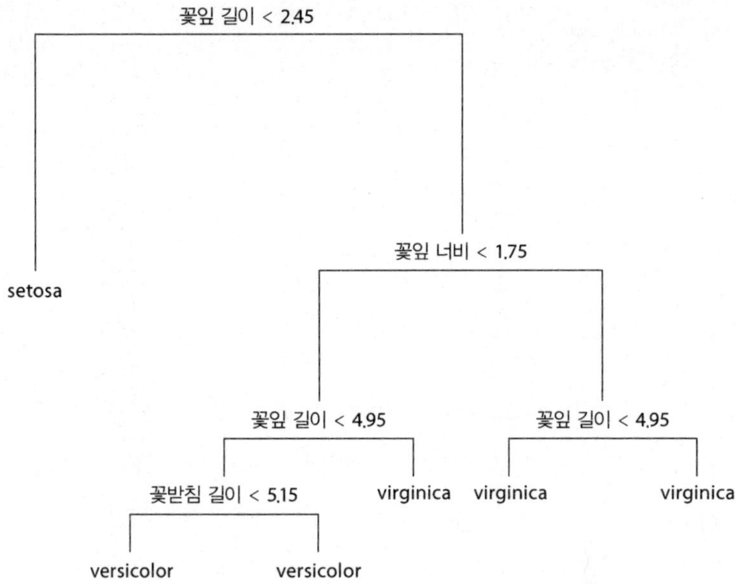

◘ 위 의사결정트리를 해석하면, 꽃잎 길이가 2.45 미만이면 setosa품종이고, 그렇지 않으면 다시 조건 분기되어 꽃잎 너비가 1.75 미만과 이상으로 분리된다. 1.75 미만인 경우에는 꽃잎 길이가 4.95 미만과 이상으로 분리된다. 결과적으로, 4개의 속성 중 꽃받침 너비는 위 트리상에서 나타나지 않았으므로 품종에 영향을 미치는 속성이 아니라고 판단할 수 있다. 그러므로 품종에 영향을 미치는 속성의 부분집합은 꽃받침 길이, 꽃잎 길이, 꽃잎 너비 이상 3개의 속성으로 볼 수 있다. 일반적으로 의사결정트리 분석에서는 training set과 test set으로 분리하여 training set으로 트리를 생성하고 test set을 이용하여 검증한다. 그러나 이 예제에서는 품종 분류(classification)나 예측(prediction)이 목적이 아니라 품종에 영향을 미치는 속성의 부분집합 선택이 목적이므로 트리 생성에 모든 투플을 사용하였다. R에서 의사결정트리 분석을 행하는 방법은 크게 3가지이다. tree **패키지**의 tree() 함수를 이용하는 방법, caret **패키지**의 rpart 메소드를 이용한 방법, Party **패키지**의 ctree() 함수를 이용하는 방법 등이다. 예제의 목적이 속성 부분집합 선택 기법으로서의 의사결정트리 활용이므로 의사결정트리 기법의 자세한 내용은 관련 데이터마이닝 자료를 확인하기 바란다.

4.3 차원축소

차원축소(Dimensionality Reduction)는 원천 데이터의 축소판(압축판)을 얻기 위하여 데이터 부호화나 변환을 적용하는 것을 의미한다. 원천 데이터가 정보의 손실 없이 압축된다면 무손실(loseless)이라고 한다. 반면, 원천 데이터의 근사치만으로 축소된다면 손실(lossy)이라고 한다. 일반적으로 많이 사용되며 효과적인 손실 차원축소 방법인 웨이블릿 변환(wavelet transform)과 주성분분석(principal components analysis)을 소개한다.

4.3.1 웨이블릿 변환

이산 웨이블릿 변환(DWT; discrete wavelet transform)은 데이터 벡터 X를 다른 수치적 벡터(Numerically Vector)인 X'으로 변환하는 것을 의미한다. 여기서 두 벡터 X와 X'의 길이는 같다. 각 투플을 n차원 데이터 벡터로 간주한다면, 벡터 X=(x_1, x_2, ..., x_n)을 각 투플로 고려한다. 그런데, 웨이블릿 변환 데이터가 원천 데이터와 같은 길이(속성 수)를 가짐에도 불구하고 데이터 축소로 볼 수 있는 것은 변환 데이터가 압축되어 보일 수 있는 사실에 있다. 즉, 웨이블릿 계수 중에서 가장 유력한 것들의 일부만을 저장함으로써 데이터의 근사치를 유지할 수 있다. 예를 들어, 사용자가 정한 어떤 임곗값보다 큰 모든 웨이블릿 계수들만 값을 유지하고 나머지 계수들은 0으로 간주한다면, 결과적인 데이터 표현은 매우 희소해지며, 데이터 희소성(data sparsity)은 데이터 연산의 복잡도를 크게 감소시킬 수 있다. 또한, 데이터의 주요 특징들을 보존하면서도 잡음을 제거하는 역할도 하므로, 데이터 정제를 위해서도 효과적일 수 있다.

DWT를 적용하는 일반적인 절차에서는 각 반복 때마다 데이터를 반으로 나눠서 계산 속도를 향상시키는 피라미드 알고리즘(pyramid algorithm)을 사용한다. 웨이블릿 변환 과정은 웨이블릿 원형함수를 적용하는 것인데, 여기에 사용되는 원형함수를 분석 웨이블릿 혹은 모 웨이블릿이라고 하며, 두 가지의 형태가 존재한다.

- 고주파 버전: 시계열 분석에 사용
- 저주파 버전: 빈도 분석에 사용

피라미드 알고리즘의 전체적인 절차는 다음과 같다.

1) 입력 벡터의 길이 L(L>=n)을 2의 정수 제곱으로 만들기 위해 필요한 만큼 0을 패딩으로 채운다.
2) 각 변환에 2개의 함수를 적용한다. 첫 번째는 합이나 가중평균을 적용한 데이터 평활화이고, 두 번째는 데이터의 세부적인 특성을 두드러지게 하는 가중차(weighted difference)의 계산이다.
3) 데이터 벡터 X의 두 데이터 포인트 쌍인 (x_{2i}, x_{2i+1})에 2개의 함수가 적용되고, 그 결과로 길이가 L/2인 두 데이터 셋을 만든다. 하나는 빈도 분석에 사용되는 저주파 버전, 다른 하나는 시계열 분석에 사용되는 고주파 버전이다.
4) 앞선 과정을 길이 L이 2가 될 때까지 반복한다.
5) 위의 반복에서 구한 데이터 집합으로부터 선택된 값은 변형된 데이터의 웨이블릿 계수로 지정된다.

실무 예제 4-3

다음은 2014년도 서울시 광진구의 시간대별 대기오염 측정 결과의 일부이다. SO_2, NO_2, CO, O_3, PM10을 측정치 대상으로 웨이블릿 변환하여 데이터를 축소시키시오.

⊙ 데이터 파일 : ch4–3(대기오염도측정).csv

⊙ 원본 투플 수 : 7,648개

년	월	일	시	SO2	NO2	CO	O3	PM10
2014	1	1	1	0.01	0.037	1	0.005	179
2014	1	1	2	0.009	0.037	1	0.005	179
2014	1	1	3	0.008	0.037	1.1	0.004	181
2014	1	1	4	0.006	0.038	1.2	0.004	167
2014	1	1	5	0.006	0.039	1.2	0.004	149

출처: 서울시 열린데이터광장(data.seoul.go.kr)

```
# 데이터로드 (ch4-3(대기오염도측정) : 데이터 원본 파일) (in R)
d_base4_3 <- read.csv('ch4-3(대기오염도측정).csv', sep=",")

# 웨이블릿변환 패키지 로드
library(wavelets)

# 대기오염 측정치(SO2, NO2, CO, O3, PM10) 각각을 벡터(vector)에 저장
x1 <- d_base4_3[,5]
x2 <- d_base4_3[,6]
x3 <- d_base4_3[,7]
x4 <- d_base4_3[,8]
x5 <- d_base4_3[,9]

# 벡터결합
newX <- cbind(x1, x2, x3, x4, x5)

# newX에 대한 웨이블릿변환
wt <- dwt(newX, boundary="periodic", fast=FALSE)

# 결과보기
print(wt)  # wt 요약정보 보기
plot(wt)  # plot chart로 보기
```

결과

```
> print(wt2)
DWT Wavelet Coefficients:
Level 1
Series 1: -6.7005e-01 1.8765e+01 1.4989e+00 ... 8.2424e+00
-4.1566e+00 4.8571e+00
Level 2
Series 1: -9.7065e-01 1.4092e+00 -1.9472e+01 ... -8.1456e-02
1.3642e+00 3.2371e-01
Level 3
Series 1: 1.6094e+01 1.7739e+00 1.3502e+01 ... 3.1767e+00
1.4339e+01 -3.4940e+01
...

DWT Scaling Coefficients:
Level 1
Series 1: 6.0585e+01 1.0219e+01 6.4815e-01 ... 5.5147e+01
5.8014e+01 5.8657e+01
Level 2
Series 1: 8.5434e+01 6.6404e+01 -1.3134e+00 ... 1.1060e+02
6.0271e+01 7.2171e+01
Level 3
Series 1: 1.0149e+02 1.1958e+02 1.2159e+01 ... 1.0696e+02
1.8998e+02 1.5968e+02
...

Length of Original Series: 38240
Wavelet Coefficients Aligned? FALSE
Center of Energy Method Used? FALSE

Boundary Method: Periodic
Number of Boundaries Coefficients per Level:
Level 1: 3
Level 2: 5
Level 3: 6
Level 4: 6
Level 5: 6
Level 6: 6
Level 7: 6
Level 8: 6
Level 9: 6
```

```
Level 10: 6
Level 11: 6
Level 12: 6

Filter Class: Least Asymmetric
Filter Name: LA8
Filter Length: 8

>plot(wt)
```

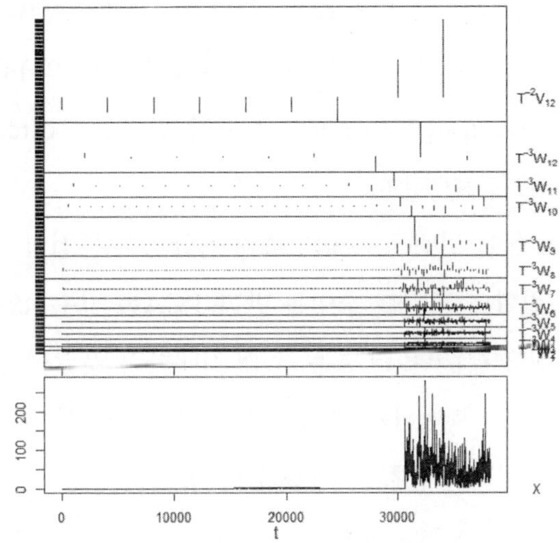

◘ R의 **dwt()** 함수를 이용하여 웨이블릿 변환을 시도하였다. X축의 t값은 원본 데이터를 의미한다. 총(원본 투플 수)×(속성수)=7,648개×5개=38,240개로 1차원 벡터로 표현되었다. 파라미드 알고리즘에 의하여 총 12번 반복 수행되었으며, 각 레벨마다 두 개의 벡터(W, V)가 생성된다. W벡터는 웨이블릿 계수(wavelet coefficient)에 의해 결정되고 V벡터는 스케일링 계수(scaling coefficient)에 의해 결정된다. 그림에서 보듯이, 단계가 반복될 때마다(레벨이 올라갈 때마다) 데이터가 점점 더 희소해지며 데이터 축소의 효과가 나타남을 알 수 있다.

4.3.2 주성분 분석

n개의 속성을 가진 투플(n차원의 데이터 벡터)에 대하여, 주성분 분석(PCA; Principal Components Analysis)은 데이터를 표현하는 데 최적으로 사용되어질 수 있는 n차원 직교 벡터(orthogonal vector)들에 대해서 k≤n인 k를 찾는다. 이렇게 되면 원본 데이터가 훨씬 작은 차원의 공간으로 투영되어지므로 데이터의 차원 축소가 이루어진다. [그림 4.2]의 PCA 그래프에서는 Feature1과 Feature2로 사상된 주성분 direction1과 direction2를 보여준다.

속성 부분집합 선택은 속성의 초기 집합의 부분집합을 유지하며 속성 집합의 크기를 줄이는 반면, PCA는 필수적인 속성들의 핵심을 결합한다. PCA는 종종 기대하지 않았던 관계를 보여주기도 하여 평범하지 않은 결과 해석을 가능하게 해준다.

PCA의 기본적인 절차는 다음과 같다.

1) 입력 데이터를 표준화하여 같은 범위에 속하게 만든다. 표준화하는 이유는 큰 범위를 갖는 속성들이 작은 범위를 갖는 속성들을 압도하지 않도록 하기 위해서이다.
2) 표준화된 입력 데이터를 위한 기저(base)를 제공하는 정직교(or-thonormal) 벡터들을 계산한다. 이들을 주성분(Principal Component)이라고 하며, 입력 데이터는 주성분의 선형 조합(linear combination)이다.
3) 주성분은 중요도의 내림차순으로 정렬되며, 본질적으로 주

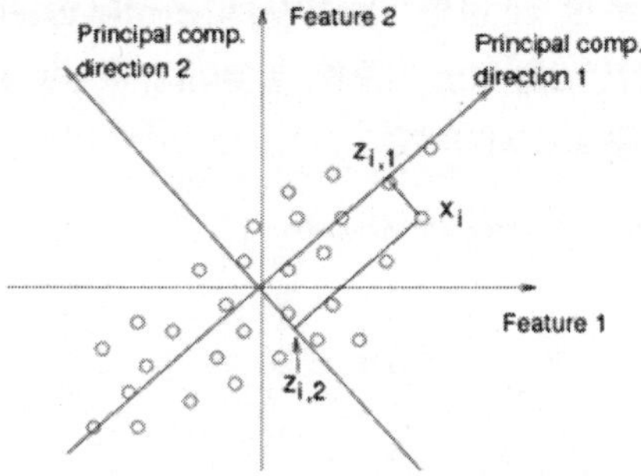

출처: PGWiki(http://www.potatogim.net/wiki)

[그림 4.2] PCA 그래프의 예

성분은 데이터에 대한 새로운 축의 집합으로서의 역할을 한다. 즉, 정렬된 첫 번째 축은 가장 큰 분산을 보여주며, 두 번째 축은 그 다음으로 높은 분산을 보여주는 식이다.

4) 내림차순 정렬되어 있으므로 약한 성분들(낮은 분산의 성분들)을 제거함으로써 데이터 크기를 줄일 수 있다. 즉, 가장 강한 성분들을 사용함으로써 크기가 축소된 원천 데이터의 훌륭한 근사치를 구성할 수 있다.

PCA는 비용 효과적이며, 순서화된 속성이나 순서화되지 않은 속성에 두루 적용할 수 있고 희소 데이터와 비대칭 데이터를 모두 다룰 수 있다. 또한, 다차원 데이터를 2차원으로 축소 가능하다. 데이터 축소 기법으로서의 웨이블릿 변환과 비교해 볼 때, 웨이블릿 변환은 고차원 데이터에 더 적합하고 PCA는 희소 데이터 취급에 더 유리하다.

실무 예제 4-4

다음은 한국신용평가정보에서 나온 국내 증권회사의 주요 재무제표 (2007년 3월 31일 기준)의 일부이다. 주성분 분석을 통하여 데이터 차원을 축소시키시오.

⊙ 데이터 파일 : ch4-4(국내증권사제무재표).csv

⊙ 원본 투플 수 : 18개

증권사명	총자본순이익율	자기자본순이익율	자기자본비율	부채비율	자기자본회전율
SK증권	2.43	11.1	18.46	441.67	0.9
교보증권	3.09	9.95	29.46	239.43	0.9
대신증권	2.22	6.86	28.62	249.36	0.69
대우증권	5.76	23.19	23.47	326.09	1.43
동부증권	1.6	5.64	25.64	289.98	1.42

출처: http://rfriend.tistory.com/61

```
# 데이터로드 (ch4-4(국내증권사재무제표) : 데이터 원본 파일) (in R)
d_base4_4 <- read.csv('ch4-4(국내증권사재무제표).csv', sep=",")

# 데이터 표준화
d_base4_4_st <- transform(d_base4_4,
                 총자본순이익율_표준 = scale(총자본순이익율),
                 자기자본순이익율_표준 = scale(자기자본순이익율),
                 자기자본비율_표준 = scale(자기자본비율),
                 부채비율_표준 = scale(부채비율),
                 자기자본회전율_표준 = scale(자기자본회전율))

# 부채비율_표준의 방향 전환
d_base4_4_st <- transform(d_base4_4_st, 부채비율_역표준 =
                 max(부채비율_표준) - 부채비율_표준)

# 주성분분석 대상 속성 선택
d_base4_4_st_choice <- d_base4_4_st[,c("총자본순이익율_표준",
                        "자기자본순이익율_표준",
                        "자기자본비율_표준", "부채비율_역표준",
                        "자기자본회전율_표준")]


# 주성분분석 실시
library(stats) # 패키지 불러오기
res_pca <- prcomp(d_base4_4_st_choice)
```

```
# 결과보기
summary(res_pca) # res_pca 요약정보 보기
print(res_pca)
```

결과

```
> summary(res_pca)
Importance of components:
                          PC1    PC2    PC3     PC4     PC5
Standard deviation     1.6618 1.2671 0.7420 0.25311 0.13512
Proportion of Variance 0.5523 0.3211 0.1101 0.01281 0.00365
Cumulative Proportion  0.5523 0.8734 0.9835 0.99635 1.00000
> print(res_pca)
Standard deviations:
[1] 1.6617648 1.2671437 0.7419994 0.2531070 0.1351235
Rotation:
                    PC1         PC2          PC3           PC4          PC5
총자본순이익율_표준    0.07608427 -0.77966993  0.0008915975
-0.140755404  0.60540325
자기자본순이익율_표준 -0.39463007 -0.56541218 -0.2953216494
0.117644166 -0.65078503
자기자본비율_표준      0.56970191 -0.16228156  0.2412221065
-0.637721889 -0.42921686
부채비율_역표준        0.55982770 -0.19654293  0.2565972887
0.748094314 -0.14992183
자기자본회전율_표준   -0.44778451 -0.08636803  0.8881182665
-0.003668418 -0.05711464
```

◘ R의 prcomp() 함수를 이용하여 주성분 분석에 의한 차원의 축소를 시도하였다. prcomp()를 활용한 주성분 분석 전에 데이터 표준화를 위해 scale() 함수와 transform() 함수를 활용하였다. scale() 함수는 Z-score 표준화(정규화)를 수행하는 함수이다. Z-score 표준화란 평균을 0으로, 표준편차를 1로 하여 값을 변환시키는 방식으로 5.1.2절에 소개된다. transform() 함수는 데이터프레임을 구성하는 요소들의 값 변환에 유용한 함수이다. summary() 함수의 결과에서 보듯이, 누적기여율(Cummulative Proportion)에 제1주성분(PC1)이 55.23%, 제2주성분(PC1, PC2)까지의 누적기여율이 87.34%로 매우 높게 나왔으며, 제3주성분(PC1, PC2, PC3)까지의 누적기여율이 98.35%가 나와서 PC1, PC2, PC3가 주성분 분석 대상 속성의 전체를 대표할 수 있음을 보여준다. print() 함수의 결과에서는 PC1은 자기자본비율과 부채비율에 관련되고, PC2는 총자본순이익률과 자기자본순이익률에 관련되며, PC3은 자기자본회전율과 관련이 있음을 보여준다. 재무지표 항목의 의미에 근거하여 주성분 속성을 명명하자면, PC1은 안정성, PC2는 수익성, PC3은 활동성으로 해석될 수 있다.

4.3.3 회귀와 로그-선형 모형

회귀와 로그-선형 모형(Regression and Log-Linear Model)은 원래 주어진 데이터의 근사치를 구하는 데 사용하나, 목적변수(target variable)와의 연관성이 높은 속성(변수) 위주로 분석차원을 축소시키기 위해 활용될 수 있다. 선형회귀(linear regression)는 확률변수(random variable) y를 예측변수(predicator variable)인 x의 선형함수로서 식 (4-1)과 같이 모형화한다.

$$y = wx + b \qquad \text{식 (4-1)}$$

식 (4-1)에서 계수(coefficient) w와 b는 데이터를 분리하는 실제 선과 그 선의 추정치 사이의 오류를 최소화해주는 최소제곱법(method of least square)에 의해 구할 수 있다. 다중회귀(multiple regression)는 확률변수 y가 2개 이상의 예측변수 x에 의해 모형화되도록 단순 선형회귀를 확장한 것이다.

로그-선형모형은 n개의 속성으로 표현되는 n차원에서 주어진 n개의 투플 집합을 n차원 공간의 한 점으로 생각하는 이산 다차원 확률분포의 근사치를 구한다. 차원 조합의 가장 작은 부분집합에 기반하여, 이산화된 속성들의 집합에 대한 다차원 공간 내의 각 점의 확률을 평가하는 데 사용될 수 있다. 이렇게 함으로써 저차원 공간으로부터 고차원 공간을 만들어낼 수 있다. 따라서 차원 축소(저차원의 점은 원래 데이터보다 적은 공간을 차지하기 때문에)와 데이터 평활화(저차원 공간의 평가를 응집하는 것이 고차원 공간의 평가보다 표본 변동에 덜 민감하기 때문에)에 유용하다.

회귀 방법이 고차원 데이터에 적용될 경우 계산 비용이 기하급수적으로 늘어나는 반면, 로그-선형 모형은 10차원 정도까지는 우수한 확장 가능성(scalability)을 보인다.

4.4 수량 축소

수량 축소(numerosity reduction)는 대체할 수 있는 더 작은 형태의 표현을 선택해서 데이터의 양을 줄이는 기법이다. 앞서 언급했듯이, 크게 모수적 기법(parametric method)과 비모수적 기법(nonparametric method)으로 나눌 수 있다.

4.4.1 표본추출

큰 데이터 집합을 많은 수의 임의 데이터 샘플(부분집합)로 표현 가능하다. 대용량 데이터 집합 D가 N개의 투플을 포함하고 있다고 가정하자. 표본추출(sampling)의 방법에는 다음과 같은 것들이 있다.

- 비복원 단순무작위표본(SRSWOR; Simple random sample without replacement)

  D로부터 N개의 투플 중에서 임의의 s개를 취하는 방법으로 모든 투플들의 표본으로 추출될 확률은 같다.

- 복원 단순무작위표본(SRSWR; Simple random sample with replacement)

  각 투플이 D로부터 추출될 때마다 기록된 후 다시 제자리로 복원(replace)된다는 것을 제외하면 SRSWOR과 유사하다. 즉, 각 투플은 추출된 다음에 다시 추출될 수 있도록 D에 되돌려진다.

- 집락표본(Cluster sample)

  D에 있는 투플들이 M개의 상호 배반적인 군집(cluster)으로 묶여 있는 가운데 s개의 군집을 단순 무작위로 추출한다(s < M).

- 층화표본(Stratified sample)

  D가 층(strata)이라 불리는 상호 배반적인 부분들로 분할되어 있다면, 각 층에서 하나씩 단순 무작위로 추출한다(예, 고객의 나이 그룹 각각에 대하여 하나의 층이 생성되어 있는 고객 데이터로부터 층화표본을 얻는다).

4.4.2 히스토그램

히스토그램(histogram)은 구간화를 사용하여 데이터 분포의 근사치를 구하는 데이터 축소의 전형적 형태이다. 속성 A의 데이터를 버킷(bucket) 혹은 빈(bin)이라 불리는 분리 집합(disjoint subset)으로 나눈다. 각 버킷이 단일한 속성값/빈도의 쌍으로 표현되기도 하고, 주어진 속성에 대한 연속 범위(continuous range)를 나타내기도 한다.

버킷을 결정하고 속성값을 분할하는 방법에는 다음과 같은 것들이 있다.

- 동등 폭(Equal-width): 각 버킷의 범위는 균일하다.
- 동등 빈도(Equal-frequency): 각 버킷의 빈도가 일정하도록 만든다(각 버킷이 같은 수의 데이터 표본을 포함한다).
- V-최적(V-optimal): 최소 분산을 갖는 히스토그램을 의미한다. 히스토그램 분산은 각 버킷이 나타내는 데이터 값들의 가중합(weighted sum)이며, 버킷 가중치는 버킷에 있는 값들의 개수와 같다.
- 최대 차이(Max-Diff): 인접한 값들의 각 쌍 사이의 차이를 고려한다. 사용자 정의 버킷의 수 β에 대하여, β-1개의 최대 차이를 갖는 쌍들에 대하여 각 쌍 사이에 버킷 경계가 정해진다.

히스토그램은 희소 데이터나 밀집 데이터 모두에 효과적이며, 비대칭적 데이터와 균일한 데이터 모두에 매우 효과적이다. 단일 속성에 대한 히스토그램은 다중 속성에 대한 것으로 확장 가능하다. 다차원 히스토그램에서는 속성 간의 의존성 포착이 가능하다. 일반적으로 5개까지의 속성을 가진 데이터의 근사치를 구하는 데 효과적이라고 알려져 있다.

4.4.3 군집화

군집화(clustering) 기법은 데이터 투플을 객체로 간주하고, 각 객체들을 군집(cluster)이라는 그룹으로 나눈다. 한 군집 내 객체들과는 유사하면서도 다른 군집 내 객체들과는 유사하지 않도록 군집화한다. 유사성은 공간 내에서 객체들이 어떻게 가까운지의 관점에 따라 거리 함수에 기반하여 정의된다. 클러스터의 "품질"은 지름(diameter)의 표현으로 나타낸다. 클러스터의 지름은 클러스터의 두 객체 간의 최대 거리로 표현된다. 클러스터 중심거리(centroid distance)는 클러스터 중심 간의 거리으로서 클러스터 품질로 대체 측정된다. 클러스터의 지름은 짧을수록(클러스터 내 객체 간의 유사성이 강할수록), 클러스터 간 중심 거리는 길수록(클러스터 간 유사성은 약할수록) 군집화의 품질이 높다고 볼 수 있다.

실무 예제 4-5

다음은 2013년 전국 주요 지점별 유동인구 현황의 일부이다. 샘플링(Sampling), 히스토그램(Histogram), 클러스터링(clustering)을 활용하여 투플 수를 2,000개 이하로 축소시키시오.

⊙ 데이터 파일 : ch4-5(유동인구).csv

⊙ 원본 투플 수 : 23,221개

조사일자	시간대	X좌표	Y좌표	행정구역명	남자 10대	남자 20대	남자 30대	남자 40대	남자 50대	여자 10대	여자 20대	여자 30대	여자 40대	여자 50대
2010-06-21	12시~13시까지	343,099.00	417,482.00	대전광역시 서구 월평동	2	24	68	50	31	4	37	64	44	26
2010-06-21	19시~20시까지	343,099.00	417,482.00	대전광역시 서구 월평동	19	44	28	33	21	14	56	49	43	18
2010-06-20	12시~13시까지	343,099.00	417,482.00	대전광역시 서구 월평동	13	33	34	61	55	13	32	29	28	12
2010-06-20	19시~20시까지	343,099.00	417,482.00	대전광역시 서구 월평동	23	33	32	547	129	12	39	13	46	4
2010-06-21	12시~13시까지	343,121.00	417,343.00	대전광역시 서구 월평동	0	9	27	21	6	5	24	20	10	6

출처: 공공데이터포털(www.data.go.kr)

```
# 데이터로드 (ch4-5(유동인구) : 데이터 원본 파일) (in R)
d_base4_5 <- read.csv('ch4-5(유동인구).csv', sep=",")
```

1) 샘플링을 통한 수량 축소

```
# 비복원 샘플링 기법으로 2,000개 로우 sampling
# row개수 파악
row_cnt <- nrow(d_base4_5)

# 샘플링될 row 번호를 비복원 방법으로 2,000개 선정
row_idx <- sample(1:row_cnt, 2000)

# 선정된 row번호에 해당되는 row만 샘플링
d_base_sample <- d_base4_5[row_idx, ]

# 결과보기
nrow(d_base_sample)  # 로우의 개수 구하기
head(d_base_sample)
```

결과

```
> nrow(d_base_sample)
[1] 2000
> head(d_base_sample)

        조사일자          시간대     X좌표    Y좌표              행정구역명
1860  2010-06-19 12시~13시까지 296296 285661   광주광역시 서구 유촌동
585   2010-07-10 12시~13시까지 357462 580847     경기도 가평군 가평읍
7592  2010-06-20 12시~13시까지 305568 543016  서울특별시 관악구 신림동
8356  2010-06-04 12시~13시까지 310282 542713  서울특별시 서초구 방배동
22143 2010-10-28 19시~20시까지 318921 543599 서울특별시 강남구 일원2동
11149 2010-07-06 19시~20시까지 281330 536899 인천광역시  연수구  옥련동

      남자10대 남자20대 남자30대 남자40대 남자50대 여자10대 여자20대
1860        13       31       26       18       29       21       26
585         16       14       10        8       18       26       22
7592       216      624      362      378      312      322      760
8356         0       12       24       13       10        0       11
22143      128       96      112       52       48       60      104
11149       28       16        6       14       34       12       18

      여자30대 여자40대 여자50대
1860        39       31       27
585         16       14       16
7592       474      500      216
8356        21       22       14
22143       88       36       44
11149       16       10       30
```

◘ R의 sample() 함수를 이용하여 원본 23,221개의 로우 중에서 2,000개의 로우 샘플링을 시도하였다. 여기서는 비복원 방식이 적절하다. 복원 방식은 이미 선택된 로우를 다시 선택할 수 있기 때문이다(복원 방식은 replace=T라는 인수를 추가하면 됨). 샘플링은 로우 번호(인덱스) 2,000개를 랜덤하게 선정하고 선정된 로우 번호에 해당되는 로우만으로 데이터 프레임을 구성함으로써 완료된다. 샘플링된 로우의 총개수는 2,000개이고, 〈결과〉에서 샘플링된 로우의 일부를 볼 수 있으며, 로우 가장 앞에 나타난 숫자가 로우 번호이다.

2) 히스토그램을 통한 수량 축소

```
# 히스토그램 기법 적용
# SQL활용을 위한 패키지 불러오기
library(sqldf)
library(tcltk)

# 히스토그램 대상 속성 생성 (모든 성별/연령대 유동인구의 합)
d_sum_cnt = sqldf("select 남자10대 + 남자20대 + 남자30대
                  + 남자40대 + 남자50대
                  + 여자10대 + 여자20대 + 여자30대 + 여자40대
                  + 여자50대 sum_cnt
                  from d_base4_5")

# 두 데이터프레임의 속성 연결
d_base_h = cbind(d_base4_5, d_sum_cnt)

# 히스토그램 구간: 100, 전체샘플링표본: 2000개
hist_res <- sqldf("select idx, floor(2000*freq_cnt/tot_cnt)
                  hist_cnt
                  from (select floor(sum_cnt/100) idx,
                        count(*) freq_cnt
                        from d_base_h
                        group by floor(sum_cnt/100) ) a,
                       (select count(*) tot_cnt
                        from d_base_h) b")

# 히스토그램 분포에 따른 샘플링
j <- 1
for (i in hist_res[,1]){
    tmp_res <- sqldf(paste("select *
                            from d_base_h
                            where sum_cnt >= 100*", i,
                            "and sum_cnt < 100*", i, "+100"
                            ))


    row_idx <- sample(1:nrow(tmp_res), hist_res[j,2])
                                  # 히스토그램 구간 빈도수에 따른 샘플링

    # d_base_hist: 샘플링 결과를 담는 데이터프레임
    if (j == 1){
```

```
        d_base_hist <- tmp_res[row_idx, ]
    }else {
        d_base_hist <- rbind(d_base_hist, tmp_res[row_idx,
])
    }
    j <- j+1
}

# 결과보기
nrow(d_base_hist)  # 로우의 개수 구하기
head(d_base_hist)
```

결과

```
> nrow(d_base_hist)
[1] 1970
> head(d_base_hist)
        조사일자          시간대   X좌표   Y좌표                  행정구역명
789 2010-11-21 12시~13시까지 463497 284017          경상남도 창원시 이동
369 2010-10-07 12시~13시까지 479961 573574          강원도 강릉시 옥천동
56  2010-07-03 19시~20시까지 301550 285917       광주광역시 북구 중흥3동
736 2010-11-19 19시~20시까지 349667 418246      대전광역시 대덕구 송촌동
878 2010-11-13 12시~13시까지 415302 607368          강원도 인제군 인제읍
394 2010-10-01 12시~13시까지 317473 550000 서울특별시 성동구 성수2가3동

    남자10대 남자20대 남자30대 남자40대 남자50대 여자10대 여자20대 여자30대
789        4        0       11        2        9        2        2        4
369        0        1        1        1       21        0        0        5
56         4        9       13       12       22        2       11        2
736        5        6        5        3        8        9        6        8
878        7       14        2        5        6        6        7        7
394        7       12        8        9        6        5       10       16

    여자40대 여자50대 sum_cnt
789        4        5      43
369        4       16      49
56         5       19      99
736        4        3      57
878        2        2      58
394        7        9      89
```

◘ 위 예제는 성별/연령별 유동 인구의 합에 대한 히스토그램(구간단위 100)을 구하고 각 구간에 속하는 로우의 빈도수에 따라 샘플링하는 수량 축소 방식을 보여준다. 히스토그램 분포는 SQL을 활용하여 구하고, 샘플링은 R의 sample() 함수를 활용하였다. 히스토그램 기법으로 샘플링된 로우의 총개수는 1,970개이고, 〈결과〉에서 샘플링된 로우의 일부를 볼 수 있으며, 로우 가장 앞에 나타난 숫자가 로우 번호이다.

3) 클러스터링을 통한 수량 축소

```
# 클러스터링 기법 적용
d_cluster <- kmeans(d_base4_5[,6:15], 10)

d_base_c <- cbind(d_base4_5, d_cluster$cluster)

# 데이터프레임 속성명 변경을 위한 패키지 불러오기
install.packages("reshape")
library(reshape)

d_base_c <- rename(d_base_c, c("d_cluster$cluster" =
                              "cluster_id"))

# 클러스터별 로우 샘플링수 도출, 전체샘플링표본: 2000개
cluster_res <- sqldf("select cluster_id, floor(2000*freq_
                      cnt/tot_cnt) cluster_cnt
                      from (select cluster_id,
                      count(*) freq_cnt
                         from d_base_c
                         group by cluster_id ) a,
                        (select count(*) tot_cnt
                         from d_base_c) b")

# 클러스터 크기에 클러스터 별 샘플링
j <- 1 {
for (i in cluster_res[,1])
    tmp_res <- sqldf(paste("select *
                            from d_base_c
                            where cluster_id = ", i))
```

```
    row_idx <- sample(1:nrow(tmp_res), cluster_res[j,2])
                                        # 클러스터 크기에 따른 샘플링

    # d_base_cluster: 샘플링 결과를 담는 데이터프레임
    if (j == 1)
        d_base_cluster <- tmp_res[row_idx, ]
    } else {
        d_base_cluster <- rbind(d_base_cluster, tmp_
                                res[row_idx, ])
    }
    j <- j+1
}

# 결과보기
nrow(d_base_cluster)  # 로우의 개수 구하기
head(d_base_cluster)
```

결과

```
> # 결과확인
> nrow(d_base_cluster)
[1] 1996
> head(d_base_cluster)
            조사일자          시긴대     X좌표    Y좌표                 행정구역명
1268  2010-10-23  19시~20시까지  295048  551709   서울특별시 강서구 공항동
1148  2010-11-06  19시~20시까지  305826  541663   서울특별시 관악구 서림동
770   2010-06-16  12시~13시까지  319665  551044 서울특별시 광진구 중곡2동
60    2010-06-05  19시~20시까지  306656  528186           경기도 군포시 당동
1019  2010-10-13  19시~20시까지  319013  552566 서울특별시 광진구 중곡3동
1178  2010-11-14  12시~13시까지  297721  544286 서울특별시 구로구 오류1동

     남자10대 남자20대 남자30대 남자40대 남자50대 여자10대 여자20대 여자30대
1268      124      124      166      176      224      120      104      188
1148       89      138      123      148      234       75      162       92
770       144       48       60      228      372       72      144       24
60        100       80      104      148      128       72       84      100
1019       24      114       84      102      126       36      120       72
1178       96      222      102      118      187       54      276      138
```

```
      여자40대 여자50대 cluster_id
1268     196     176          1
1148     162     195          1
770      456     744          1
60       176     148          1
1019     120     108          1
1178     132     256          1
```

◘ 위 예제는 K-means 클러스터링 기법을 활용하여 전체 로우를 클러스터링하고 각 클러스터에 속한 로우의 빈도수에 따라 샘플링하는 수량 축소 방식을 보여준다. K-means 클러스터링은 R의 kmeans() 함수를 활용하였고, 샘플링은 R의 **sample()** 함수를 활용하였다. 클러스터링 기법으로 샘플링된 로우의 총개수는 1,996개이고, 〈결과〉에서 샘플링된 로우의 일부를 볼 수 있으며, 로우 가장 앞에 나타난 숫자가 로우 번호이다.

제 5 장

데이터 변환

데이터 변환(data transformation)은 분석에 적절한 형태로 데이터를 바꾸는 전처리 작업을 의미한다. 데이터 변환 방법에는 다음과 같은 것들이 있다.

평활(Smoothing)

데이터로부터 잡음을 제거한다. 구간화(binning), 회귀(regression), 군집화(clustering) 등이 대표적 기법이다.

집계(Aggregation)

그룹화 연산이 데이터에 적용된다. 예를 들어, 일일 판매 데이터를 월별 또는 연도별로 그룹화하는 기법으로 주로 데이터큐브를 구축하는 데 사용된다.

속성구성(Attribute construction)

주어진 속성 집합으로부터 새로운 속성을 구성하는 기법이다.

정규화(Normalization)

데이터를 정해진 구간(예, -1에서 1사이) 내에 존재하도록 변환시키는 기법이다.

이산화(discretization)

수치형 속성의 원시 값(raw-value)이 구간 라벨로 대체하거나 개념적인 라벨로 대체하는 기법이다.

개념 계층(conceptual hierarchy)

도로명과 같은 속성을 시나 국가와 같은 상위 레벨 개념으로 일반화시키는 기법으로, 많은 명목형 속성들이 암시적인 개념 계층을 가지고 있다.

평활이나 집계 기법은 앞 장에서 이미 다루었으므로, 이 장에서는 정규화, 이산화, 개념 계층을 위주로 다루도록 한다.

5.1
정규화

정규화(Normalization)는 속성값이 −1.0~1.0과 같이 정해진 구간 내에 들도록 하는 기법으로 신경망을 포함한 분류 알고리즘이나 최단 근접 분류와 군집화와 같은 거리 측정 등을 위하여 특히 유용하다. 데이터 정규화를 위한 많은 방법들이 있는데, 이 중에서 3가지 방법을 소개한다.

5.1.1 최소–최대 정규화

원본 데이터에 대하여 선형변환을 수행한다. 속성 A에 대한 최솟값과 최댓값을 각각 min_A와 max_A라고 가정하자. 최소–최대 정규화(Min-max normalization)는 다음 계산식에 의해 A의 값 v를 구간 $[min'_A, max'_A]$에서의 값 v'으로 사상한다.

$$v' = \frac{v - \min_A}{\max_A - \min_A}(\max'_A - \min'_A) + \min'_A \qquad 식\ (5\text{-}1)$$

최소–최대 정규화는 원본 데이터 값들 간의 관계를 보존

한다. 만약 정규화를 위한 입력이 A에 대한 원본 데이터 구간에서 벗어날 경우는 범위 초과(out-of-bounds) 오류가 난다.

5.1.2 Z-score 정규화

속성 A에 대한 값을 A의 평균과 표준편차를 기초로 정규화하는 방법이다. $\bar{A}$와 σ_A를 A의 평균과 표준편차라고 가정할 때, 다음 계산식에 의하여 A의 값 v는 v'에 사상된다.

$$v' = \frac{v - \bar{A}}{\sigma_A} \qquad \text{식 (5-2)}$$

Z-score 정규화(Z-score normalization)는 속성 A의 실제 최솟값과 최댓값이 알려져 있지 않거나, 최소–최대 정규화에 큰 영향을 주는 이상치가 존재할 때 유용하다.

5.1.3 소수 척도화

소수 척도화(decimal scaling)는 속성 A 값들의 소수점을 이동해서 정규화한다. 이동되는 소수점의 수는 A의 최대 절댓값에 의존한다. $Max(|v'|)<1$을 만족하는 가장 작은 정수를 j라고 할 때, A의 값 v는 다음 계산식에 의하여 v'으로 사상된다.

$$v' = \frac{v}{10^j} \qquad \text{식 (5-3)}$$

실무 예제 5-1

다음은 2016년 항만별 선박 입출항 현황의 일부이다. 입항 선박 수, 입항 선박 톤수, 출항 선박 수, 출항 선박 톤수를 최소-최대 정규화, Z-score 정규화, 소수 척도화 방식으로 각각 정규화하시오.

⊙ 데이터 파일 : ch2-2(선박입출항).csv

⊙ 원본 투플 수 : 30개

항만	입항선박수	입항선박톤수	출항선박수	출항선박톤수
부산	7,301	105,138,280	7,409	103,857,903
인천	2,715	30,716,710	2,716	30,779,186
평택.당진	1,558	23,153,226	1,536	22,778,109
경인항	28	126,236	27	128,344
동해.묵호	552	4,202,603	546	4,039,929

출처: 공공데이터포털(www.data.go.kr)

```
# 데이터로드 (ch5-1(선박입출항).csv : 데이터 원본 파일) (in R)
d_base5_1 <- read.csv('ch5-1(선박입출항).csv', sep=",")

# SQL활용을 위한 패키지 불러오기
library(sqldf)
library(tcltk)
```

1) **최소-최대 정규화**

```
# 최소-최대 정규화
# min'= -1.0, max'=1.0로 가정
d_result <- sqldf("select a.항만
  , (a.입항선박수-min_입항선박수)*(1-(-1))/(max_입항선박수-min_
입항선박수)+(-1) 정규화_입항선박수
  , (a.입항선박톤수-min_입항선박톤수)*(1-(-1))/(max_입항선박톤수-min_
입항선박톤수)+(-1) 정규화_입항선박톤수
  , (a.출항선박수-min_출항선박수)*(1-(-1))/(max_출항선박수-min_
출항선박수)+(-1) 정규화_출항선박수
  , (a.출항선박톤수-min_출항선박톤수)*(1-(-1))/(max_출항선박톤수-min_
출항선박톤수)+(-1) 정규화_출항선박톤수
                    from d_base5_1 a,
                        (select min(입항선박수) min_입항선박수
                              , max(입항선박수) max_입항선박수
                              , min(입항선박톤수) min_입항선박톤수
                              , max(입항선박톤수) max_입항선박톤수
```

```
                                , min(출항선박수) min_출항선박수
                                , max(출항선박수) max_출항선박수
                                , min(출항선박톤수) min_출항선박톤수
                                , max(출항선박톤수) max_출항선박톤수
                           from d_base5_1) b")

# 결과보기
d_result[,2:5] <- round(d_result[,2:5], 3)  # 소수점 3자리까지만
                                              # 표현
d_result
```

결과

```
> d_result
  항만   정규화_입항선박수  정규화_입항선박톤수  정규화_출항선박수  정규화_출항선박톤수
1 부산          1.000              1.000            1.000              1.000
2 인천         -0.257             -0.416           -0.267             -0.407
3 평택.당진    -0.574             -0.560           -0.586             -0.561
4 경인항       -0.993             -0.998           -0.994             -0.998
5 동해.묵호    -0.850             -0.920           -0.853             -0.922
                                   ...
```

◘ 입항 선박 수, 입항 선박 톤수, 출항 선박 수, 출항 선박 톤수 등 4개의 속성 각각에 대하여 $[min'_A, max'_A]=[-1.0, 1.0]$으로 가정하고 식 (5-1)을 적용하여 정규화시킨 결과이다. min() 함수는 속성의 최솟값을, max() 함수는 속성의 최댓값을 구하는 함수이다.

2) Z-score 정규화

```
# Z-score 정규화
d_result <- sqldf("select a.항만
                         , (a.입항선박수-avg_입항선박수)/stdev_
입항선박수 정규화_입항선박수
                         , (a.입항선박톤수-avg_입항선박톤수)/stdev_
입항선박톤수 정규화_입항선박톤수
                         , (a.출항선박수-avg_출항선박수)/stdev_
출항선박수 정규화_출항선박수
                         , (a.출항선박톤수-avg_출항선박톤수)/stdev_
출항선박톤수 정규화_출항선박톤수
                    from d_base5_1 a,
                         (select avg(입항선박수) avg_입항선박수
```

```
                        , stdev(입항선박수) stdev_입항선박수
                        , avg(입항선박톤수) avg_입항선박톤수
                        , stdev(입항선박톤수) stdev_
                          입항선박톤수
                        , avg(출항선박수) avg_출항선박수
                        , stdev(출항선박수) stdev_출항선박수
                        , avg(출항선박톤수) avg_출항선박톤수
                        , stdev(출항선박톤수) stdev_
                          출항선박톤수
                   from d_base5_1) b")

# 결과보기
d_result[,2:5] <- round(d_result[,2:5], 3)  # 소수점 3자리까지만
                                            # 표현
d_result
```

결과

```
   항만     정규화_입항선박수  정규화_입항선박톤수  정규화_출항선박수  정규화_출항선박톤수
1  부산            3.910             4.253            3.932             4.217
2  인천            1.052             0.892            1.038             0.897
3  평택.당진       0.331             0.551            0.311             0.533
4  경인항         -0.623            -0.489           -0.620            -0.496
5  동해.묵호      -0.296            -0.305           -0.300            -0.318
                                 ...
```

◘ 입항 선박 수, 입항 선박 톤수, 출항 선박 수, 출항 선박 톤수 등 4개의 속성 각각에 대하여 식 (5-2)를 적용하여 정규화시킨 결과이다. avg() 함수는 속성의 평균을, stdev() 함수는 속성의 표준편차를 구하는 함수이다. 실무 예제 4-4에서 소개한 것처럼 scale() 함수와 transform() 함수를 활용하여 정규화시킬 수도 있다.

3) 소수 척도화

```
# 소수 척도화
d_result <- sqldf("select a.항만
                    , a.입항선박수/power(10,length(max_
입항선박수)-2)  정규화_입항선박수
                    , a.입항선박톤수/power(10,length(max_
입항선박톤수)-2)  정규화_입항선박톤수
                    , a.출항선박수/power(10,length(max_
```

```
출항선박수)-2)  정규화_출항선박수
                         , a.출항선박톤수/power(10,length(max_
출항선박톤수)-2)  정규화_출항선박톤수
                  from d_base5_1 a,
                       (select max(입항선박수) max_입항선박수
                             , max(입항선박톤수) max_입항선박톤수
                             , max(출항선박수) max_출항선박수
                             , max(출항선박톤수) max_출항선박톤수
                        from d_base5_1) b")

# 결과보기
d_result[,2:5] <- round(d_result[,2:5], 4)  # 소수점 4자리까지만
                                            # 표현
d_result
```

결과

```
> d_result
  항만   정규화_입항선박수  정규화_입항선박톤수  정규화_출항선박수  정규화_출항선박톤수
1 부산             0.7301            0.1051            0.7409             0.1039
2 인천             0.2715            0.0307            0.2716             0.0308
3 평택.당진        0.1558            0.0232            0.1536             0.0228
4 경인항           0.0028            0.0001            0.0027             0.0001
5 동해.묵호        0.0552            0.0042            0.0546             0.0040
                                   ...
```

◘ 입항선박수, 입항선박톤수, 출항선박수, 출항선박톤수 등 4개의 속성 각각에 대하여 (식 5-3)를 적용하여 정규화시킨 결과이다. power(x, y) 함수는 x^y 값을 구하는 함수이다. 본 예제에서는 정규화 결과가 소수 넷째 자리에서 유효숫자가 나타나는 경우가 많아 소수 넷째 자리까지 표현하였다.

5.2 수치형 데이터 이산화

수치형 데이터에 대한 이산화 기법(numeric data discretization)으로 구간화(binning), 히스토그램 분석(histogram), 엔트로피–기반 이산화, 카이제곱(χ^2)–결합, 군집(cluster) 분석, 직관적 분할에 의한 이산화 등이 있다. 이 절에서는 앞서 소개한 구간화, 히스토그램 분석, 군집 분석 등을 제외하고, 엔트로피–기반 이산화, 카이제곱(χ^2)–결합, 직관적 분할에 의한 이산화 기법을 다루고자 한다. 일반적으로 각 기법들에 있어서 이산화 대상 값들이 오름차순으로 정렬되어 있음을 가정한다.

5.2.1 엔트로피–기반 이산화

엔트로피(entrophy)는 하향(top-down) 분할 방식의 이산화 기법으로 분할 점들의 결정과 계산을 위해 클래스 분포 정보를 탐색한다. 수치형 속성 A의 값들을 분할하기 위하여 분할 점으로 최소 엔트로피를 갖는 A의 값을 선택하고, 계층적 이산화를 달성하기 위하여 그 결과 구간을 분할한다. 이러한 방식을 통하여 속성 A의 개념 계층이 생성된다. 데이터 집합 D의 속성 A에 대한 엔트로피–기반 이산화(Entrophy-Based Discretization) 절차는 다음과 같다.

1) A의 각 값은 A의 범위를 분할하는 잠재적인 분할 점(split-point)으로 간주될 수 있다. 하나의 분할 점에 의해 이항형(binary) 이산화를 진행할 수 있다.
2) 이항형 이산화 결과로 분리된 데이터 집합을 D_1, D_2라 하면, 속성 A의 기대정보 요구량(expected information requirement) $Info_A(D)$는 다음과 같다.

$$Info_A(D) = \frac{|D_1|}{|D|} Entropy(D_1) + \frac{|D_2|}{|D|} Entropy(D_2) \quad \text{식 (5-4)}$$

- $|D|$: 데이터 집합 D의 투플 개수
- m개의 클래스 $C_1, C_2, ..., C_m$가 주어진 상황에서 D_1의 엔트로피는 $Entropy(D_1) = -\sum_{i=1}^{m} p_i \log^2(p_i)$ where p_i : 데이터 집합 D_1 내에서의 클래스 C_1 확률

속성 A의 분할 점을 선택할 때, 기대정보요구량을 최소화하는 방향으로 분할 점을 선택한다.

3) 1), 2)의 과정을 어떤 정지 규칙(stopping criterion)이 만족될 때까지(예를 들어, 모든 분할 점 후보에 대한 최소 정보 요구량이 어떤 임계치(threshold) ε보다 작을 때까지, 혹은 구간의 수가 미리 설정한 최대 구간 수보다 클 때까지) 구해진 각 분할에 재귀적(recursively)으로 적용된다.

5.2.2 카이제곱(χ^2)–결합

대부분의 이산화 기법들이 하향(top-down) 분할 방식을 적용하는 것과는 달리 χ^2–결합(Interval Merging by χ^2 Analysis) 기법은 가장 가까운 이웃 구간을 찾아내고 이들을 결합하여 더 큰 구간을 형성시키는 상향(bottom-up) 분할 방식을 적용한다. 또한, 엔트로피-기반 이산화와 같이 클래스 정보를 활용한다는 측면에서 지도적(supervised)이다. χ^2–결합 기법의 핵심 개념은 정교한 이산화를 위해 클래스 상대도수가 구간에 매우 일관성이 있어야 한다는 점이다. 그래서 만약 두 개의 이웃 구간들이 매우 유사한 분포를 가진다면 그 구간들은 결합되고, 그렇지 않으면 분리된 상태로 둔다. χ^2–통계량은 3.3.2 질의 데이터 통합에서 소개하였으며, 그곳에서 두 개의 범주형 속성 사이의 상관관계를 탐지하는 데 사용했다. χ^2–결합 구간들 또한 이산적인 범주로 취급될 수 있기 때문에 식 (3-2)를 적용할 수 있다. χ^2–통계량은 주어진 속성에 대한 "두 개의 이웃 구간들이 독립이다"라는 가설을 검정한다. 데이터 분할표는 두 개의 이웃 구간을 의미하는 두 개의 열과 m개의 행을 갖는다. 식 (3-2)를 적용할 때, 칸 값 o_{ij}는 i번째 구간의 j번째 클래스에 해당하는 투플들의 수이다. 유사하게 o_{ij}의 기대빈도수 e_{ij}는 (구간 i의 투플 수)×(클래스 j의 투플 수)/N이며, 여기서 N은 데이터 투플의 총 수이다. 한 구간 쌍에 대해 낮은 χ^2 값은 '구간들이 클래스와 독립'이라는 것을 의미하며, 따라서 그 구간들을 결합할 수 있다는 것을 의미한다.

정지 규칙은 다음 세 가지 조건 중 하나에 의해 결정될 수 있다.

1) 모든 인접 구간들에 대한 χ^2 값들이 유의수준에 의해 설정된 임계치를 초과
2) 구간의 개수가 사전 정의된 최대-구간 내로 들어옴
3) 상대도수가 구간 내에서 일치(또는 사전 허용 오차 범위 내)

5.2.3 직관적 분할에 의한 이산화

직관적 분할의 대표적인 기법으로 3–4–5 규칙을 들 수 있다. 3–4–5 규칙은 데이터의 주어진 범위를 '가장 큰 유효숫자'(most significant digit)에서의 값의 범위를 토대로, 재귀적(recursively) 그리고 수준별로 3, 4, 5개의 비교적 동일한 폭의 구간들로 분할한다. 규칙의 내용은 다음과 같다.

1) 어떤 구간이 가장 큰 유효숫자에서 3, 6, 7, 9개의 개별 값들을 포함한다면, 그 범위를 3개의 동일 폭 구간들로 분할한다(단, 7에 대해서는 2-3-2로 묶인 3개의 구간으로 분할).
2) 어떤 구간이 가장 큰 유효숫자에서 2, 4, 8 개의 개별 값들을 포함한다면, 그 범위를 4개의 동일 폭 구간들로 분할한다.
3) 어떤 구간이 가장 큰 유효숫자에서 1, 5, 10개의 개별 값들을 포함한다면, 그 범위를 5개의 동일 폭 구간들로 분할한다.

실무 예제 5-2 **다음은 2015년 국내 대학 현황이다. 재적 학생 수를 엔트로피-기반, 카이제곱-결합, 직관적 분할 방식을 각각 활용하여 20개 구간 내외로 이산화하시오.**

⊙ 데이터 파일 : ch5-2(국내대학현황).csv

⊙ 원본 투플 수 : 1,720개

학제	학교명	지역	설립	재적학생수
전문대학	한국철도대학	경기	국립	180
전문대학	강원도립대학	강원	공립	1658
전문대학	경남도립거창대학	경남	공립	1614

출처: 공공데이터포털(www.data.go.kr)

```
# 데이터로드 (ch5-2(국내대학현황).csv : 데이터 원본 파일) (in R)
d_base5_2 <- read.csv('ch5-2(국내대학현황).csv', sep=",")

# 재적학생수 속성을 벡터로 저장
v_재적학생수 <- d_base5_2[,5]

# 오름차순 정렬
v_재적학생수_sort <- sort(v_재적학생수)
```

1) **엔트로피-기반 이산화**

```
# 엔트로피(entropy)-기반 재적학생수 이산화
# 패키지 불러오기
library(entropy)

# l_bound: 최소점, u_bound: 최대점, s_point: 분할점
# v_s_points: 구간경계점을 저정하는 벡터
l_bound <- 1
u_bound <- length(v_재적학생수_sort)
v_s_points <- c() # 벡터 초기화

# 기대정보요구량을 구하는 함수
# 해당 구간에서 최소기대정보요구량을 갖는 지점을 찾고 그 점을 경계로 재귀적으로
# 호출하는 구조
info_gain <- function(l_bound, s_point, u_bound) {
    i <- l_bound+1
```

```
    # 최소기대정보요구량의 위치 찾기
    while (i < u_bound) {

        # 기대정보요구량 계산
        v_info_gain <- entropy(v_재적학생수_sort[l_
                       bound:i])*(i-l_bound+1)/(u_bound-l_
                       bound+1) + entropy(v_재적학생수_
                       sort[(i+1):u_bound])*(u_bound-i)/
                       (u_bound-l_bound+1)

        # 최소값 찾기
        if (i == l_bound+1) {
            min_info_gain <- v_info_gain
            min_idx <- i

        }
        else
            if (v_info_gain < min_info_gain)
                min_info_gain <- v_info_gain
                min_idx <- i
            }

        i <- i + 1

}
    # 최소지점 위치를 v_s_points 벡터에 추가
    # 전역변수로 선언하여 추가함
    assign("v_s_points", c(v_s_points, min_idx),
            envir=.GlobalEnv)

    # 구간 수 20개 내외로 분할하기 위해 임계값을 5.2로 설정(trial and
    # error 방식으로 찾음)
    if (min_info_gain < 5.2)
        return(1)

    # 경계점을 중심으로 한 재귀적 함수 호출
    info_gain(l_bound, min_idx-1)
    info_gain(min_idx+1, u_bound)
}
```

```
# 함수 호출
info_gain(l_bound, u_bound)

# 경계점 벡터 정렬(오름차순)
v_s_points <- sort(v_s_points)

# 결과보기
# 벡터 간 열 결합
v_result = cbind(v_재적학생수_sort[v_s_points], v_s_points)

# 열이름 붙이기
colnames(v_result) <- c("재적학생수","학교수")

v_result
```

결과

```
> v_result
       재적학생수  학교수
 [1,]         16    110
 [2,]         32    202
 [3,]         45    290
 [4,]         60    379
 [5,]         73    466
             ...
```

□ 기대정보요구량 계산을 바탕으로 구간 경계점을 재귀적으로 찾아나가기 위하여 info_gain()이라는 사용자 함수를 설계하였다. 최소 기대정보요구량의 위치를 찾기 위해서 해당 구간 내 모든 지점의 기대정보요구량을 비교하였다. entropy 임계치는 문제에서 제시한 구간 수인 20개 내외를 맞추기 위해 시행착오(trial & error) 방식으로 탐색하여 구하였다.

결과로서 18개의 구간이 생성되었으며 v_result의 첫 번째 열은 재적 학생 수이고 두 번째 열은 학교 수이다. 예컨대, 재적 학생 수가 16명까지인 대학 수가 110개, 16~32명까지인 대학 수가 92개이다. 재적 학생 수가 10,106명 이상인 대학 수는 전체 대학 수가 1,720개이므로 111개로 볼 수 있다.

2) 카이제곱-결합 이산화

```
# 카이제곱-결합 이산화
# 재적학생수와 지역 간의 카이제곱 검정에 의한 재적학생수 이산화

# SQL활용을 위한 패키지 불러오기
```

```
library(sqldf)
library(tcltk)

# 원본에서 대상 속성(지역, 재적학생수) 추출
d_base_p <- d_base5_2[,c(3,5)]

# 재적학생수 기준으로 오름차순 정렬
d_base_p_order <- sqldf("select 지역, 재적학생수
                         from d_base_p
                         order by 재적학생수")

# 대상 속성에 일련번호 붙이기 (구간 위치 식별용)
i <- 1
while ( i <= nrow(d_base_p) )
    d_base_p_order[i,3] <- i
    i <- i + 1

# 열이름 붙이기
colnames(d_base_p_order) <- c("지역", "재적학생수", "순번")

# 카이제곱 검정을 통해 구간병합을 할지 말지를 결정하는 함수
chi_process <- function(l_bound1, u_bound1, l_bound2, u_
bound2)

    # 관측도수 분할표 생성
    d_cont <- sqldf(paste("select 지역
                        , count(case when 순번 between",l_
bound1,"and",u_bound1,"then 1 end) 구간1
                        , count(case when 순번 between",l_
bound2,"and",u_bound2,"then 1 end) 구간2
                         from d_base_p_order
                         where 순번 between",l_
bound1,"and",u_bound2,"group by 지역",sep=" "))

    # 카이제곱 통계량 산출
    chi_res <- chisq.test(d_cont[,2:3])

    if (chi_res$p.value > 0.28)
        return(TRUE)    # 구간들이 클래스와 독립적이므로 구간병합
    else
        return(FALSE)   # 구간들이 클래스와 독립적이라 볼 수 없으므로
```

```
                                # 병합하지 않음

# gugan_len : 초기 구간 단위를 30으로 일정하게 잡음
# boundary_idx : 구간 경계점의 위치를 저장하는 벡터
gugan_len <- 30
i <- 0
boundary_idx <- c()

# 구간 경계점의 위치를 지정 (30단위로)
while (i*gugan_len <= nrow(d_base_p_order))
    boundary_idx <- c(boundary_idx, i*gugan_len+1)
    i <- i + 1

# 마지막 구간 경계점 지점 (반드시 30단위로 된다고 볼 수 없으므로 별도 지정)
boundary_idx <- c(boundary_idx, nrow(d_base_p_order))

# 인접 구간과의 카이제곱 검정을 통해 p-value가 특정 임계치 이상인 경우
# (병합이 필요한 경우)는
# 해당 경계점의 boundary_idx 값을 -1로 세팅
# boundary_idx를 차례로 순환하면서 병합지점을 찾고,
# 순환 동안 병합이 한번도 발생하지 않을 시에 while루프 탈출
while (1)
    merge_cnt <- 0
    i <- 1
    ind <- 1

    # l_bound1: 인접 두 구간 중 첫번째 구간의 왼쪽 경계점
    # u_bound1: 인접 두 구간 중 첫번째 구간의 오른쪽 경계점
    # l_bound2: 인접 두 구간 중 두번째 구간의 왼쪽 경계점
    # u_bound2: 인접 두 구간 중 두번째 구간의 오른쪽 경계점
    while (i < length(boundary_idx))
        if (boundary_idx[i] != -1 && ind == 1)
            l_bound1 <- boundary_idx[i]
            ind <- ind + 1

        else if (boundary_idx[i] != -1 && ind == 2)
            u_bound1 <- boundary_idx[i] - 1
            l_bound2 <- boundary_idx[i]
            merge_idx <- i
            ind <- ind + 1
```

```
        else if (boundary_idx[i] != -1 && ind == 3)
            u_bound2 <- boundary_idx[i] - 1

            # 인접 구간의 경계점을 패러미터로 주고 카이제곱 검정
            # 사용자정의 함수 호출
            if (chi_process(l_bound1, u_bound1, l_bound2,
u_bound2) )
                # 병합이 필요한 경우에는 두 구간 경계점의
                # boundary_idx 값을 -1로 세팅
                boundary_idx[merge_idx] <- -1
                merge_cnt <- merge_cnt + 1  # 병합 카운트 1증가

            ind <- 1

        i <- i + 1

    # 병합 카운트가 0일 때(순환주기 동안 병합이 한번도 일어나지 않을 때),
    # 루프 탈출
    if (!merge_cnt)
        break ;

# 결과보기
i <- 2
v_s_points <- c()   # 구간 분할 경계점을 저장하는 벡터

# boundary_idx가 -1일 경우는 구간 병합을 의미하므로 분할 경계점에서 제외
while (i < length(boundary_idx))
    if (boundary_idx[i] != -1)
        v_s_points = c(v_s_points, boundary_idx[i] - 1)
    i <- i + 1

v_result = cbind(v_재적학생수_sort[v_s_points], v_s_points)

# 열이름 붙이기
colnames(v_result) <- c("재적학생수","학교수")

v_result
```

결과

```
> v_result
     재적학생수 학교수
[1,]         37    240
[2,]         43    270
[3,]         52    330
[4,]         66    420
[5,]         70    450
           ...
```

◘ 카이제곱-결합 이산화는 bottom-up 방식이기 때문에 엔트로피-기반 이산화 기법처럼 재귀적 방식을 적용하기는 힘들다. 구간을 병합하는 방식이기 때문에 초기 구간을 설정하는 것이 필요하며, 이 예제에서는 초기 구간을 30단위의 일정 길이로 설정하였다. 전체적인 알고리즘은 구간을 처음부터 끝까지 순회하면서 인접 두 구간을 대상으로 카이제곱 검정을 수행하고 검정 결과 유의수준 p-value가 일정 임계치 이상이면 클래스(여기서는 지역)와 독립적으로 판단하여 해당 두 구간을 병합하였다. 한 순회 주기 동안 한 번의 병합도 일어나지 않으면 구간 병합 프로세스는 끝나게 된다. 카이제곱 검정은 chi_process()라는 사용자 정의 함수를 만들어 수행하였고, p-value 임계치는 문제에서 제시한 구간 수인 20개 내외를 맞추기 위해 시행착오(trial & error) 방식으로 탐색하여 구하였다.

결과로서 21개의 구간이 생성되었으며 v_result의 첫 번째 열은 재적 학생 수이고 두 번째 열은 학교 수이다. 예컨대, 재적 학생 수가 37명까지인 대학 수가 240개, 38~43명까지인 대학 수가 30개이다. 재적 학생 수가 26,523명 이상인 대학 수는 전체 대학 수가 1,720개이므로 11개로 볼 수 있다.

3) 직관적 분할에 의한 이산화

```
# 직관적 분할에 의한 재적학생수 이산화
# v_s_points : 재적학생수 구간 경계점을 저장하는 벡터
v_s_points <- c()

# 3-4-5 규칙을 재귀적으로 적용하는 함수
# l_bound : 구간 최소값
# u_bound : 구간 최대값
# v_depth : 함수 호출 depth
intuitive_split <- function(l_bound, u_bound, v_depth)
    # 문자형 변환
    l_bound_char <- as.character(l_bound)
    u_bound_char <- as.character(u_bound)

    # 문자길이 반환
    ms_pos <- nchar(u_bound_char)

    # 서로 다른 가장 큰 유효숫자의 갯수 구하기
```

```
i <- l_bound
ms_v <- c()
while (i <= u_bound)
    ele_char <- as.character(i)

    # 구간 내 최대 유효숫자의 길이 만큼이 되는 숫자열의
    # 가장 왼쪽 숫자 추출
    if (ms_pos == nchar(ele_char))
        ms_v <- c(ms_v, substr(ele_char,1,1))
    else
        ms_v <- c(ms_v, '0')
    i <- i+1

# 중복 배제
ms_v_unique <- unique(ms_v)

# ms_card : 서로 다른 가장 큰 유효숫자의 갯수 저장
ms_card <- length(ms_v_unique)

# ms_card의 수에 따라 분할 구간 수를 다르게 함 (3-4-5 규칙에 따라)
if (ms_card == 3 || ms_card == 6 || ms_card == 9)

    # gugan_len : 단위 구간 길이
    gugan_len <- round((u_bound - l_bound) / 3, digits = 0)

    # 2번째 중첩 호출(v_depth: 2)에서 구간 분할을 끝냄
    if (v_depth == 2)
        # 전역변수로 선언하여 추가함
        assign("v_s_points", c(v_s_points, l_bound),
        envir=.GlobalEnv)
        assign("v_s_points", c(v_s_points, l_bound +
        gugan_len), envir=.GlobalEnv)
        assign("v_s_points", c(v_s_points, l_bound +
        gugan_len * 2), envir=.GlobalEnv)
        assign("v_s_points", c(v_s_points, u_bound),
        envir=.GlobalEnv)
        return(TRUE)
     else

        # 1번째 함수 호출에서는 구간 범위를 달리하여 재귀적 함수 호출
        intuitive_split(l_bound, l_bound + gugan_len,
```

```
            v_depth+1)
            intuitive_split(l_bound + gugan_len, l_bound +
            gugan_len * 2, v_depth+1)
            intuitive_split(l_bound + gugan_len * 2, u_
            bound, v_depth+1)

    else if (ms_card == 7)
        gugan_len <- round((u_bound - l_bound) / 7, digits
        = 0)
        if (v_depth == 2)
            assign("v_s_points", c(v_s_points, l_bound),
            envir=.GlobalEnv)
            assign("v_s_points", c(v_s_points, l_bound +
            gugan_len * 2), envir=.GlobalEnv)
            assign("v_s_points", c(v_s_points, l_bound +
            gugan_len * 5), envir=.GlobalEnv)
            assign("v_s_points", c(v_s_points, u_bound),
            envir=.GlobalEnv)
            return(TRUE)
         else
            intuitive_split(l_bound, l_bound + gugan_len *
            2, v_depth+1)
            intuitive_split(l_bound + gugan_len * 2, l_bound
            + gugan_len * 5, v_depth+1)
            intuitive_split(l_bound + gugan_len * 5, u_
            bound, v_depth+1)

    else if (ms_card == 2 || ms_card == 4 || ms_card == 8)
        gugan_len <- round((u_bound - l_bound) / 4, digits
        = 0)
        if (v_depth == 2)
            assign("v_s_points", c(v_s_points, l_bound),
            envir=.GlobalEnv)
            assign("v_s_points", c(v_s_points, l_bound +
            gugan_len), envir=.GlobalEnv)
            assign("v_s_points", c(v_s_points, l_bound +
            gugan_len * 2), envir=.GlobalEnv)
            assign("v_s_points", c(v_s_points, l_bound +
            gugan_len * 3), envir=.GlobalEnv)
            assign("v_s_points", c(v_s_points, u_bound),
            envir=.GlobalEnv)
```

```
        return(TRUE)
      else
        intuitive_split(l_bound, l_bound + gugan_len,
        v_depth+1)
        intuitive_split(l_bound + gugan_len, l_bound +
        gugan_len * 2, v_depth+1)
        intuitive_split(l_bound + gugan_len * 2, l_bound
        + gugan_len * 3, v_depth+1)
        intuitive_split(l_bound + gugan_len * 3, u_
        bound, v_depth+1)


  else if (ms_card == 1 || ms_card == 5 || ms_card == 10)
      gugan_len <- round((u_bound - l_bound) / 5, digits
      = 0)
      if (v_depth == 2)
        assign("v_s_points", c(v_s_points, l_bound),
        envir=.GlobalEnv)
        assign("v_s_points", c(v_s_points, l_bound +
        gugan_len), envir=.GlobalEnv)
        assign("v_s_points", c(v_s_points, l_bound +
        gugan_len * 2), envir=.GlobalEnv)
        assign("v_s_points", c(v_s_points, l_bound +
        gugan_len * 3), envir=.GlobalEnv)
        assign("v_s_points", c(v_s_points, l_bound +
        gugan_len * 4), envir=.GlobalEnv)
        assign("v_s_points", c(v_s_points, u_bound),
        envir=.GlobalEnv)
        return(TRUE)
      else
        intuitive_split(l_bound, l_bound + gugan_len,
        v_depth+1)
        intuitive_split(l_bound + gugan_len, l_bound +
        gugan_len * 2, v_depth+1)
        intuitive_split(l_bound + gugan_len * 2, l_bound
        + gugan_len * 3, v_depth+1)
        intuitive_split(l_bound + gugan_len * 3, l_bound
        + gugan_len * 4, v_depth+1)
        intuitive_split(l_bound + gugan_len * 4, u_
        bound, v_depth+1)
```

```
# 함수 호출
intuitive_split(1,v_재적학생수_sort[length(v_재적학생수_sort)],1)

# 중복값 제거 및 오름차순 정렬
v_result <- cbind(sort(unique(v_s_points)))

# 결과보기
# 열이름 붙이기
colnames(v_result) <- c("재적학생수")
v_result
```

결과

```
> v_result
        재적학생수
 [1,]          1
 [2,]       2861
 [3,]       5721
 [4,]       8581
 [5,]      10726
        ...
```

◘ intuitive_split() 함수는 3-4-5 규칙에 따라 구간의 직관적 분할을 수행하는 함수이다. 이 함수의 재귀적으로 호출로 구간을 분할해 나가는데, 함수 호출 깊이(depth)를 2로 제한하였다. 이는 구간의 수와 관련이 있는데, 결과적으로 15개의 구간이 생성된다(depth를 3으로 할 경우는 구간의 수가 68개로 늘어나 너무 많이 구간이 쪼개어진다). 결과를 저장한 벡터 v_result는 재적 학생 수의 구간 경계점을 보여준다. 위 결과화면은 [1 ~ 2860], [2861 ~ 5720], ... [32173 ~ 34319] 등 15개의 구간을 보여준다. 구간 길이를 수학적으로 분할한 관계로 앞의 두 기법과는 달리, 실제 구간 경계점에 해당하는 재적 학생 수를 갖는 대학이 없을 수 있으며, 데이터 분포와 상관없이 구간의 길이는 비교적 일정함을 알 수 있다.

5.3

범주형 데이터를 위한 개념 계층

범주형 데이터는 기본적으로 이산 데이터로서 값들 사이에 순서가 없는 유한개의 구별 값을 갖는다. 이러한 범주형 데이터에 대한 개념 계층(Conceptual Hierarchy) 생성을 위한 몇 가지 방법들이 있다.

1) 스키마 단계에서의 명시적 생성

스키마 수준에서 속성들의 개념 계층을 정의한다.

예) 주소의 경우, 스키마 수준에서 '동 < 기초 시군구 < 광역 시도 < 국가'를 정함

2) 명시적 데이터 그룹화에 의한 계층 일부 생성

개념 계층의 일부를 수동으로 정의한다.

예) (서울특별시, 경기도, 인천광역시) ⊂ 수도권, (전라북도, 전라남도, 광주광역시) ⊂ 호남권 등

3) 속성들의 개념 계층을 자동 생성

개념 계층은 일반적으로 상위 개념 수준이 몇 개의 하위 개

념 수준을 포함하므로, 상위 수준의 개념 수가 하위 수준의 개념 수보다 적다. 이러한 점에 착안하여 각 수준에서의 구별 값들의 개수를 근거로 상위와 하위의 순서를 자동으로 정하여 개념 계층을 생성한다.

4) 속성들의 부분 집합만을 생성

개념 계층의 생성 시에 관련 속성들의 일부만 사용하는 방식이다.

예) 주소에 대해서 동과 기초 시군구 만을 사용하여 개념 계층 생성

제 6 장

Case Study : 대학 정보 공시 자료 분석을 위한 데이터 전처리

이 장에서는 지금까지 다룬 데이터 전처리 기법들이 실제적인 문제에서 어떻게 적용되는지 case study를 통해서 알아본다. 분석 주제는 '취업률 관점에서의 대학 정보 공시 정량 지표 분석'이다. 대학들은 대학 정보 공시 지표 항목에 대해서 의무적으로 공개해야 한다. 취업률 또한 대학 정보 공시 지표 항목의 하나로서 각종 대학 평가에서 중요한 요소로 활용되고 있다. 취업률 이외에도 대학의 경쟁력을 보여주는 다양한 대학 정보 공시 정량 지표들이 존재하는데, 이들이 취업률과 어떠한 상관관계가 있는지를 분석함으로써 대학들이 취업률 상향을 위해서 어떠한 정책들을 펼쳐나가야 되는지에 대한 시사점 제공에 분석의 목적이 있다고 가정한다. 여기서는 이 책의 목적상 분석 결과 자체에 초점을 두기보다는 이러한 분석을 잘 수행하기 위해서 어떤 데이터 전처리 기법들이 어떻게 활용되는지에 대한 사례를 소개하는 데 초점을 두고자 한다.

6.1

분석 모형

분석을 위한 절차는 다음과 같이 제시될 수 있다.

1) 데이터 셋 준비

원천 데이터의 확보[1]

2) 각 변수 값의 데이터 정규화(Z-score)[2]

정량 지표들 사이의 값의 단위(scale)가 천차만별이기 때문에 데이터 정규화를 통해 동일한 값의 단위로 정량 지표 값을 변환

3) 취업률 상관도 분석 및 변수(지표) 선택: 상관분석, 선형회귀분석

정량 지표 간의 상관관계 분석을 통해 분석 차원을 결정함(차원 축소). 상관분석(correlation analysis)[3]과 선형회귀분석

---

1) 대학 알리미 사이트(http://www.academyinfo.go.kr/) 에서 대학 정보 공시 관련 데이터를 확보할 수 있다.

2) 5.1.2 절 참조

3) 3.3.1 절 참조

(linear-regression analysis)[4] 기법 적용

4) 취업률 기준 두 개의 집단으로 분류

취업률 상위 집단과 하위 집단 분류

5) 각 집단별 군집(cluster) 분석

취업률 상·하위 집단에서의 지표 분포 분석 및 비교를 통하여 취업률 상향을 위해서 중점을 두고 관리해야 할 지표를 도출함. 지표 분포 분석을 위해 클러스터링 기법 적용

6) 취업률 상향 전략 도출

분석 결과를 토대로 취업률 향상을 위한 정책 방향 시사점 도출

위에서 제시한 6가지 단계는 데이터 수집에서부터 분석의 전 과정을 제시한 것이다. 이 중에서 데이터 전처리에 해당되는 부분은 2)와 3)이다. 이 장에서는 1)에 해당되는 데이터 스펙에 대해서 간략히 소개하고, 2)와 3)의 과정을 자세하게 소개한다. 2)와 3)에서 적용한 기법들은 이미 앞장에서 소개된 기법들이다.

---

4) 4.3.3 절 참조

6.2 분석 대상 데이터 셋

분석 대상 데이터 셋은 2014년 전문대학 정보 공시 데이터이다. 원천 데이터는 총 13개의 대학 정보 공시 정량 지표로 구성되어 있으며, 전국의 모든 전문대학을 대상으로 한다. 분석 대상 정량 지표들은 다음과 같다.

학생충원률, 중도탈락학생비율, 학생1인당장학금, 장학금수혜율, 학자금대출이용학생비율, 학생1인당교육비, 전임교원1인당학생수, 전임교원강의담당비율, 업체당실습학생수평균, 현장실습이수율, 캡스톤디자인비율, 캡스톤디자인학생당지원금액, 취업률 (이상 13개 지표)

데이터 예제는 [그림 6.1]과 같다.

⦿ 데이터 원본 : (원본)전문대학정보공시데이터.xlsx

⦿ 원본 투플 수 : 137개

순번	학생충원율	중도탈락 학생비율	1인당 장학금	장학금 수혜율	학자금대출 이용학생비율	학생1인당 교육비	전임교원1인당 학생수(재학생기준)	전임교원강의 담당비율	업체당 실습학생수 평균	현장실습 이수율	캡스톤디자인 이수비율	캡스톤디자인 학생당지원금액	취업률
1	0.957	0.097	2,912.20	51.0	18.2	8,829.70	32.8	51.6	2.7	16.1%			0.682
2	0.972	0.057	2,367.70	39.7	23.1	8,402.70	35.8	39.9	3.1	50.9%			0.585
3	1.015	0.037	2,879.00	49.2	22.9	8,418.40	33.2	52.2	2.7	17.2%	1.000	67	0.593
4	1.012	0.100	2,410.40	49.2	21.5	7,435.50	36.7	40.8	3.1	34.8%			0.613
5	0.945	0.061	2,231.90	89.1	9.9	9,234.30	32.4	36.3	2.8	32.6%			0.492

출처 : 대학알리미 사이트(http://www.academyinfo.go.kr/)

[그림 6.1] 전문대학 정보 공시 데이터 예제

각 대학명은 순번으로 무기명 처리하였으며, 지표명은 변수명으로 쓰기에는 다소 길어서 영문 약어로 대치한다. 지표명과 변수명과의 매핑 표는 [표 6-1]과 같다.

[표 6.1] **지표명과 변수명 매핑표**

한글명	영문명
순번	seq
학생충원율	sc1
중도탈락학생비율	sc2
1인당장학금	sc3
장학금수혜율	sc4
학자금대출 이용학생비율	sc5
학생1인당교육비	sc6
전임교원1인당 학생수(재학생기준)	sc7
전임교원강의담당비율	sc8
업체당 실습학생수평균	sc9
현장실습이수율	sc10
캡스톤디자인이수비율	sc11
캡스톤디자인학생당지원금액	sc12
취업률	tc

6.3
데이터 전처리

6.3.1 데이터 정규화

[그림 6.1]에서 보듯이 각 지표 값들의 단위와 크기는 가지각색이다. 충원율, 중도 탈락률과 같이 비율로 표시되는 지표 값은 0~1 사이인 반면, 학생 1인당 교육비와 같이 금액으로 표시되는 지표 값은 천 단위가 넘어간다. 지표들 간에 상관분석이나 회귀분석 등을 수행하기 위해서 이러한 값들을 정규화하기로 한다. 정규화된 값들을 가지고 분석할 경우, 분석 결과에 대한 해석 또한 훨씬 더 직관적일 수 있다. 여기서는 5.1.2절에서 소개된 Z-score 정규화를 적용한다.

```
# 데이터로드 (ch6(전문대학정보공시데이터).csv : 데이터 원본 파일) (in R)
d_base6 <- read.csv('ch6(전문대학정보공시데이터).csv', sep=",")

# 패키지 불러오기
library(sqldf)
library(tcltk)

# Z-score 정규화
```

```
d_base6_norm = sqldf("select a.seq
                    , (a.sc1-avg_sc1)/stdev_sc1 sc1_n
                    , (a.sc2-avg_sc2)/stdev_sc2 sc2_n
                    , (a.sc3-avg_sc3)/stdev_sc3 sc3_n
                    , (a.sc4-avg_sc4)/stdev_sc4 sc4_n
                    , (a.sc5-avg_sc5)/stdev_sc5 sc5_n
                    , (a.sc6-avg_sc6)/stdev_sc6 sc6_n
                    , (a.sc7-avg_sc7)/stdev_sc7 sc7_n
                    , (a.sc8-avg_sc8)/stdev_sc8 sc8_n
                    , (a.sc9-avg_sc9)/stdev_sc9 sc9_n
                    , (a.sc10-avg_sc10)/stdev_sc10 sc10_n
                    , (a.sc11-avg_sc11)/stdev_sc11 sc11_n
                    , (a.sc12-avg_sc12)/stdev_sc12 sc12_n
                    , (a.tc-avg_tc)/stdev_tc tc_n
                 from d_base6 a,
                    (select avg(sc1) avg_sc1
                          , stdev(sc1) stdev_sc1
                          , avg(sc2) avg_sc2
                          , stdev(sc2) stdev_sc2
                          , avg(sc3) avg_sc3
                          , stdev(sc3) stdev_sc3
                          , avg(sc4) avg_sc4
                          , stdev(sc4) stdev_sc4
                          , avg(sc5) avg_sc5
                          , stdev(sc5) stdev_sc5
                          , avg(sc6) avg_sc6
                          , stdev(sc6) stdev_sc6
                          , avg(sc7) avg_sc7
                          , stdev(sc7) stdev_sc7
                          , avg(sc8) avg_sc8
                          , stdev(sc8) stdev_sc8
                          , avg(sc9) avg_sc9
                          , stdev(sc9) stdev_sc9
                          , avg(sc10) avg_sc10
                          , stdev(sc10) stdev_sc10
                          , avg(sc11) avg_sc11
                          , stdev(sc11) stdev_sc11
                          , avg(sc12) avg_sc12
                          , stdev(sc12) stdev_sc12
                          , avg(tc) avg_tc
                          , stdev(tc) stdev_tc
                      from d_base6) b")
```

```
# 정규화된 데이터를 파일에 쓰기
write.csv(d_base6_norm, "ch6(전문대학정보공시데이터_정규화).csv",
row.names=FALSE)

# Z-score 정규화(scale() 함수와 transform() 함수 활용)
d_base6_norm <- transform(d_base6, sc1_n = scale(sc1),
                                   sc2_n = scale(sc2),
                                   sc3_n = scale(sc3),
                                   sc4_n = scale(sc4),
                                   sc5_n = scale(sc5),
                                   sc6_n = scale(sc6),
                                   sc7_n = scale(sc7),
                                   sc8_n = scale(sc8),
                                   sc9_n = scale(sc9),
                                   sc10_n = scale(sc10),
                                   sc11_n = scale(sc11),
                                   sc12_n = scale(sc12),
                                   tc_n = scale(tc))

# 정규화된 데이터를 파일에 쓰기
write.csv(d_base6_norm[,c(1,15:27)], "ch6(전문대학정보공시데이터_
정규화).csv", row.names=FALSE)

# 결과보기
v_result <- round(d_base6_norm, 3)  # 소수 3번째 자리까지만 표현
v_result
```

결과

```
> v_result
   seq  sc1_n  sc2_n  sc3_n  sc4_n  sc5_n  sc6_n  sc7_n  sc8_n  sc9_n sc10_n sc11_n sc12_n   tc_n
1    1 -0.532  0.809  0.793  0.500 -0.321 -0.016 -0.761  0.725 -0.292 -0.514     NA     NA  0.608
2    2 -0.478 -0.522 -0.519 -0.547  0.598 -0.200 -0.107 -0.688  0.498  0.862     NA     NA -0.208
3    3 -0.210 -1.188  0.713  0.333  0.561 -0.193 -0.674  0.798 -0.292 -0.475  0.876 -0.580 -0.208
4    4 -0.263  0.809 -0.416  0.333  0.298 -0.616  0.090 -0.580  0.498  0.233     NA     NA -0.026
5    5 -0.586 -0.522 -0.846  4.032 -1.880  0.158 -0.848 -1.123 -0.094  0.154     NA     NA -1.115
...
```

◘ Z-score 기법으로 데이터를 정규화한 결과의 일부이다. sc1_n은 sc1 속성의 Z-score 정규화(표준화)된 속성이다. 다른 속성도 마찬가지 방식으로 정규화된 속성명으로 명명(naming)하였다. 결과에서 NA는 결측치(missing value)를 의미한다. 원본 지표 값이 비어 있었기 때문에 정규화 결과 또한 결측치로 나타난다.

Z-score 정규화는 평균에서 표준편차 범위 이내에 존재하는 값들이 −1.0~1.0의 값으로 정규화되며, 값의 분포가 정규분포를 이루는 경우에 적합한 정규화기법이다. 대학정보 공시 지표들의 값 분포는 대부분 정규분포에 가까우므로 Z-score 정규화[5]가 적용하기 적절한 기법이다.

이 예제에서는 데이터 전처리 단계에서의 결측치(NA)는 채우지 않고 그대로 빈 값으로 두는 전략(무시 전략)을 채택한다. 이 예제의 데이터 전처리는 속성 간의 상관성 분석과 목적 변수인 취업률과 다른 속성들 간의 회귀분석으로 구성된다. 이런 경우에 결측치에 평균값 등 특정 값을 채우게 되면 상관분석이나 회귀분석의 결과가 왜곡될 우려가 있다. 그러므로 분석 모수의 부족으로 인한 부정확성을 감안하고서라도 결측치를 채우지 않고 분석을 진행하는 방법을 선택하도록 한다. 이처럼 데이터 전처리에서 무조건 우수한 기법은 없다. 그러므로 분석 목적과 내용에 맞게 기법을 적용할지 말지, 적용한다면 어떤 기법을 적용할지를 신중하게 선택해야 할 것이다.

6.3.2 상관분석

상관분석(correlation analysis)은 3.3.1절에서 소개되었듯이,

5) 실제로 지표 포뮬러 방식에 의한 대학평가 시에 Z-score 또는 T-score 정규화(표준화) 기법이 자주 활용된다. Z-score 정규화는 평균을 0, 표준편차 단위를 1로 하여 값을 변환하는 방식이고, T-score 정규화는 평균을 50, 표준편차 단위를 10으로 하여 값을 변환하는 방식으로, 본질적으로는 동일한 방식이다.

속성(변수) 간의 상관도 분석을 통하여 분석 차원을 단순화함으로써 분석의 복잡도를 감소시키고자 할 때 유용한 전처리 방식이다. 두 변수 간 상관도는 상관계수(correlation coefficient)로 표현되는데, 일반적으로 다음과 같이 해석될 수 있다[6].

- −1.0과 −0.7 사이이면, 강한 음적 선형관계,
- −0.7과 −0.3 사이이면, 뚜렷한 음적 선형관계,
- −0.3과 −0.1 사이이면, 약한 음적 선형관계,
- −0.1과 +0.1 사이이면, 거의 무시될 수 있는 선형관계,
- +0.1과 +0.3 사이이면, 약한 양적 선형관계,
- +0.3과 +0.7 사이이면, 뚜렷한 양적 선형관계,
- +0.7과 +1.0 사이이면, 강한 양적 선형관계

```
# 상관분석 (속성 간 상관계수 구하기)
# 파일로부터 읽기
d_base6_norm <- read.csv('ch6(전문대학정보공시데이터_정규화).csv', sep=",")
i <- 2  # seq 속성은 상관분석 대상에서 제외
v_name <- c("학생충원율", "중도탈락학생비율", "1인당장학금",
"장학금수혜율", "학자금대출 이용학생비율", "학생1인당 교육비",
"전임교원1인당 학생수", "전임교원강의담당비율", "업체당 실습학생수평균",
"현장실습이수율", "캡스톤디자인이수비율", "캡스톤디자인학생당지원금액")

# 상관계수를 저장하는 벡터
v_cor_coefficient <- c()

# 상관계수 구하기 (cor()함수 적용)
while (i<=13) {
```

6) 출처: 위키백과(https://ko.wikipedia.org/wiki/)에서의 상관분석

```
    v_cor_coefficient <- c(v_cor_coefficient, round(cor(d_
base6_norm[,i], d_base6_norm$tc_n, use="complete.obs"),3))
    i <- i + 1
}

v_result <- cbind(v_name, v_cor_coefficient)

# 결과보기
v_result
```

결과

```
> v_result
      v_name                       v_cor_coefficient
 [1,] "학생충원율"                   "0.353"
 [2,] "중도탈락학생비율"              "-0.126"
 [3,] "1인당장학금"                  "0.02"
 [4,] "장학금수혜율"                  "0.14"
 [5,] "학자금대출 이용학생비율"        "-0.264"
 [6,] "학생1인당 교육비"              "0.22"
 [7,] "전임교원1인당 학생수"          "0.093"
 [8,] "전임교원강의담당비율"          "0.135"
 [9,] "업체당 실습학생수평균"          "0.013"
[10,] "현장실습이수율"                "0.351"
[11,] "캡스톤디자인이수비율"          "-0.085"
[12,] "캡스톤디자인학생당지원금액"     "0.144"
```

◘ 각 정보 공시 지표와 취업률 간의 상관계수를 구한 결과이다. cor()는 인수로 사용된 두 속성 간의 상관계수를 구하는 R 함수이다. use="complete.obs"는 결측값(missing value)이 존재할 경우, 해당 투플을 연산에서 제외하는 옵션이다.

분석 결과를 토대로 다음과 같은 해석을 할 수 있다.

- 취업률과 정보 공시 지표 간 상관분석 결과(순위기준, [표 6.2] 참조)
  - 학생 충원율과 현장실습 이수율이 가장 높은 취업률과의 양의 상관관계를 나타냄. 즉, 학생 충원율이나 현장실습 이수율이 높을수록 취업률이 높은 경향이 뚜렷함

- 학자금 대출 이용 학생 비율은 취업률과 비교적 강한 음의 상관관계를 나타냄. 이는 가정의 경제적 환경이 힘들수록 취업 준비에 집중할 수 없기 때문으로 보이며, 경제적 여건이 취업률에 다소 영향을 미치는 것으로 판단됨
- 학생 1인당 교육비도 취업률과 비교적 높은 양의 상관관계를 나타내고 있으며, 캡스톤디자인 학생당 지원 금액 또한 취업률과 양의 상관관계에 있음. 이는 학생에 대한 재정적 투자가 취업률 성과로 어느 정도 이어지고 있음을 나타냄
- 전임교원 강의 담당 비율과 장학금 수혜율은 약하나마 취업률과 양의 상관관계를 형성하고 있으며, 중도 탈락 학생 비율의 경우는 취업률과 음의 상관관계를 형성하고 있으나 강도는 약한 편임
- 캡스톤디자인 이수 비율, 전임교원 1인당 학생 수, 학생 1인당 장학금, 업체당 실습 학생 수 평균은 취업률과는 큰 영향이 없는 것으로 분석됨

12개의 지표로 구성된 분석 차원을 효과적으로 줄이기 위해 의미적으로 유사한 지표들끼리 그룹핑하고, 각 그룹 내에서 취업률과의 상관도가 높은 대표 지표들을 최종 분석 대상 속성 후보로 결정한다. 지표 그룹은 지표가 가지는 의미에 따라 크게 학생 충원, 학생 재정, 전임교원, 현장실습, 캡스톤디자인 등 5개의 그룹으로 구분하기로 한다. 각 그룹에 속한 지표와 그룹 관점에서의 취업률과의 상관관계 분석은 다음과 같다([표 6.3] 참조).

[표 6.2] 정보 공시 지표와 취업률 간의 상관계수(순위 기준)

순위	정보공시 지표	취업률 상관계수	상관관계 해석	절대값
1	학생충원율	0.353	뚜렷한 양적 선형관계	0.353
2	현장실습이수율	0.351	뚜렷한 양적 선형관계	0.351
3	학자금대출 이용학생 비율	−0.264	약한 음적 선형관계	0.264
4	학생1인당교육비	0.220	약한 양적 선형관계	0.220
5	캡스톤디자인 학생당지원금액	0.144	약한 양적 선형관계	0.144
6	전임교원강의담당비율	0.135	약한 양적 선형관계	0.135
7	장학금수혜율	0.140	약한 양적 선형관계	0.140
8	중도탈락학생비율	−0.126	약한 음적 선형관계	0.126
9	캡스톤디자인이수비율	−0.085	거의 무시될 수 있는 선형관계	0.085
10	전임교원1인당 학생수 (재학생기준)	0.093	거의 무시될 수 있는 선형관계	0.093
11	1인당장학금	0.020	거의 무시될 수 있는 선형관계	0.020
12	업체당 실습학생수평균	0.013	거의 무시될 수 있는 선형관계	0.013

- 학생 충원 그룹(학생 충원율, 중도 탈락 학생 비율)

  학생 충원율이 중도 탈락 학생 비율보다 취업률과의 상관도가 강함. 중도 탈락 학생 비율의 경우, 학생 관리 수준 측면과 학생의 질적 측면이라는 상반된 양면성이 긍정과 부정의 효과를 상쇄하고 있는 것으로 보임

- 학생 재정 그룹(학생 1인당 교육비, 학자금 이용 학생 비율, 장학금 수혜율, 1인당 장학금)
  장학금은 양의 상관관계를 학자금 대출은 음의 상관관계를 보이고 있으나, 장학금보다는 학자금 대출 비율이 취업률에 더 큰 영향을 미치는 것으로 나타남. 학생 1인당 교육비는 대학의 학생에 대한 투자 정도가 취업률에 영향을 미치고 있음을 나타냄

- 현장실습 그룹(현장실습 이수율, 업체당 실습 학생 수 평균)
  현장실습 이수율이 취업률과 높은 양의 상관관계를 보이고 있음. 이는 대학의 적극성, 교육의 현장성이 취업률에 매우 긍정적인 영향을 미치는 것으로 분석될 수 있음. 업체당 몇 명의 학생이 현장실습을 수행하는가는 취업률에 큰 영향이 없는 것으로 나타남

- 전임교원 그룹(전임교원 강의 담당 비율, 전임교원 1인당 학생 수)
  전임교원 1인당 학생 수보다는 전임교원 강의 담당 비율이 상대적으로 취업률에 끼치는 영향이 큰 것으로 나타남. 이는 강의의 질적 측면보다는 학생 관리적 측면에서 전임교원과 학생의 접촉면이 넓어지는 것이 취업률에 긍정적인 영향을 미치는 것으로 해석 가능함

- 캡스톤 디자인 그룹(캡스톤 디자인 이수 비율, 캡스톤 디자인 학생당 지원 금액)
  학생당 지원 금액이 이수 비율보다 훨씬 더 좋은 취업률과의 양의 상관관계를 가지는 것으로 나타남으로써 캡스톤 디

자인에 있어서 양적인 면보다는 질적인 면이 취업률 성과에 더욱 뚜렷한 영향을 미치는 것으로 분석됨

[표 6.3] 정보 공시 지표와 취업률 간의 상관계수(지표그룹 기준)

지표 그룹	지표	취업률 상관계수	상관관계 해석	후보변수 선택여부
학생 충원	학생충원율	0.353	뚜렷한 양적 선형 관계	선택
	중도탈락학생비율	−0.126	약한 음적 선형관계	배제
학생 재정	학생1인당교육비	0.220	약한 양적 선형관계	선택
	학자금대출 이용학생비율	−0.264	약한 음적 선형관계	선택
	장학금수혜율	0.140	약한 양적 선형관계	배제
	1인당장학금	0.020	거의 무시될 수 있는 선형관계	배제
전임 교원	전임교원강의담당비율	0.135	약한 양적 선형관계	선택
	전임교원1인당학생수(재학생기준)	0.093	거의 무시될 수 있는 선형관계	배제
현장 실습	현장실습이수율	0.351	뚜렷한 양적 선형 관계	선택
	업체당 실습학생수 평균	0.013	거의 무시될 수 있는 선형관계	배제
캡스톤 디자인	캡스톤디자인 학생당지원금액	0.144	약한 양적 선형관계	선택
	캡스톤디자인이수비율	−0.085	거의 무시될 수 있는 선형관계	배제

양의 관계든 음의 관계든 상관도가 높은(절댓값이 큰) 속성이 선택되는 것이 효과적일 것이다. 그러나 단순히 상관도가 높은 순서대로 선택하는 것보다는 다양한 관점에서의 분석이 가능하도록 여러 지표 그룹에서 골고루 선택하는 것 또한 간과해서는 안 될 것이다. 앞의 분석 결과를 토대로 [표 6.3]에서 제시한 것과 같이, 분석 대상 후보 속성 6개를 채택한다. 12개의 분석 차원을 6개로 축소하는 것이다.

6.3.3 선형회귀분석

회귀분석(regression analysis)은 결측값을 채우거나 분석 차원을 축소하는 등 데이터 전처리에서 자주 활용되는 기법 중 하나이다. 이 절에서는 종속변수인 취업률과의 상관분석을 통해 정한 6개의 후보 속성(변수) 각각에 대하여 취업률과의 회귀분석을 통하여 최종 분석 대상 속성으로 적합한지 검증하여 최종 분석 대상 속성을 결정한다.

```
# 선형회귀분석
# 파일로부터 읽기
d_base6_norm <- read.csv('ch6(전문대학정보공시데이터_정규화).csv',
sep=",")

# 학생충원율(scl_n)과 취업률(tc_n) 간 회귀분석
# 회귀분석함수적용
x = d_base6_norm$scl_n
y = d_base6_norm$tc_n

out = lm(y ~ x)
```

```
summary(out) # 결과보기
plot(x, y) # plotting (시각화)
abline(out) # 회귀선추가

# 학생1인당 교육비(sc6_n)과 취업률(tc_n) 간 회귀분석
# 회귀분석함수적용
x = d_base6_norm$sc6_n
y = d_base6_norm$tc_n

out = lm(y ~ x)

summary(out) # 결과보기
plot(x, y) # plotting (시각화)
abline(out) # 회귀선추가

# 학자금대출이용학생비율(sc5_n)과 취업률(tc_n) 간 회귀분석
# 회귀분석함수적용
x = d_base6_norm$sc5_n
y = d_base6_norm$tc_n

out = lm(y ~ x)

summary(out) # 결과보기
plot(x, y) # plotting (시각화)
abline(out) # 회귀선추가

# 전임교원강의담당비율(sc8_n)과 취업률(tc_n) 간 회귀분석
# 회귀분석함수적용
x = d_base6_norm$sc8_n
y = d_base6_norm$tc_n

out = lm(y ~ x)

summary(out) # 결과보기
plot(x, y) # plotting (시각화)
abline(out) # 회귀선추가

# 현장실습이수율(sc10_n)과 취업률(tc_n) 간 회귀분석
# 회귀분석함수적용
x = d_base6_norm$sc10_n
```

```
y = d_base6_norm$tc_n

out = lm(y ~ x)

summary(out) # 결과보기
plot(x, y) # plotting (시각화)
abline(out) # 회귀선추가

# 캡스톤디자인학생당지원금액(sc12_n)과 취업률(tc_n) 간 회귀분석
# 회귀분석함수적용
x = d_base6_norm$sc12_n
y = d_base6_norm$tc_n

out = lm(y ~ x)

summary(out) # 결과보기
plot(x, y) # plotting (시각화)
abline(out) # 회귀선추가
```

결과

lm(y~x) 함수는 x를 독립변수로 y를 종속변수로 하는 선형회귀분석을 수행하는 R함수이다. summary() 함수는 선형회귀분석 결과로 나온 각종 결과 값을 표시해주며, plot()와 abline() 함수는 선형회귀분석의 시각적 표현을 위한 함수이다. 시각적 표현은 차트 형식으로 표현되는데 아래의 분석 결과에서 하나씩 제시한다.

위 R 코드 수행 결과를 토대로 각 후보 속성에 대해서 다음과 같이 분석할 수 있다.

- 학생 충원율

학생 충원율과 취업률 간의 선형은 기울기가 급한 강한 양적 관계를 보이고 있으며, 몇몇 예외적인 데이터(outlier)가 있으나 그 수가 많지 않으므로 학생 충원율을 최종 변수(분석 대상 속성)로 선택함

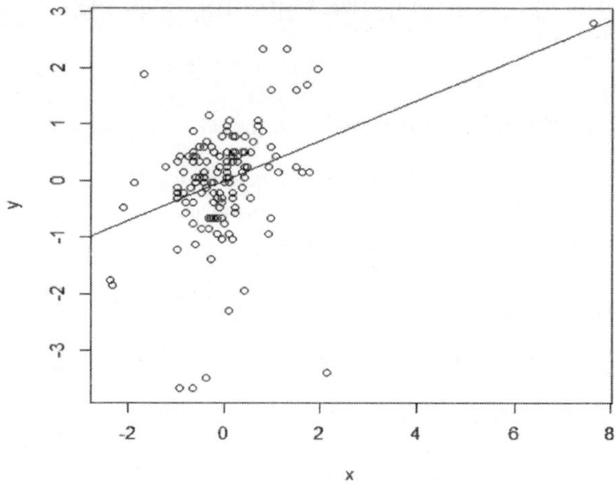

[그림 6.2] 학생 충원율과 취업률 간 선형회귀분석 결과

• 학생 1인당 교육비

학생 1인당 교육비와 취업률 간의 선형은 기울기가 있는 양적 관계를 보이고 있으며, 몇몇 예외적인 데이터(outlier)가 있으나 그

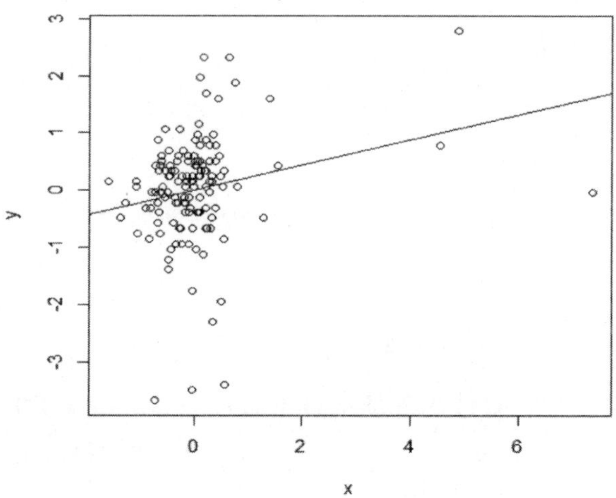

[그림 6.3] 학생 1인당 교육비와 취업률 간 선형회귀분석 결과

수가 많지 않으므로 학생 1인당 교육비를 최종 변수로 선택함

• 학자금 대출 이용 학생 비율

학자금 대출 이용 학생 비율과 취업률 간의 선형은 비교적 기울기가 급한 음적 관계를 보이고 있으며, 학자금 대출 이용 학생 비율이 비교적 넓게 분포되어 있고 비율이 높을수록 취업률이 낮은 경향성을 비교적 뚜렷하게 보이고 있으므로 학자금 대출 이용 학생 비율을 최종 변수로 선택함

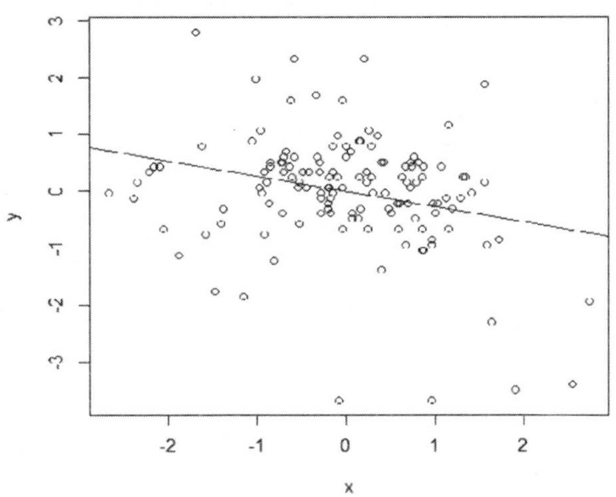

[그림 6.3] **학자금 대출 이용 학생 비율과 취업률 간 선형회귀분석 결과**

• 전임교원 강의 담당 비율

전임교원 강의 담당 비율과 취업률 간의 선형은 기울기가 비교적 있는 양적 관계를 보이고 있고, 전임교원 강의 담당 비율이 비교적 넓게 분포되어 있으며, 몇몇 예외적인 데이터(outlier)

가 있으나 비율이 높을수록 취업률이 높은 경향성을 비교적 뚜렷하게 보이고 있으므로 전임교원 강의 담당 비율을 최종 변수로 선택함

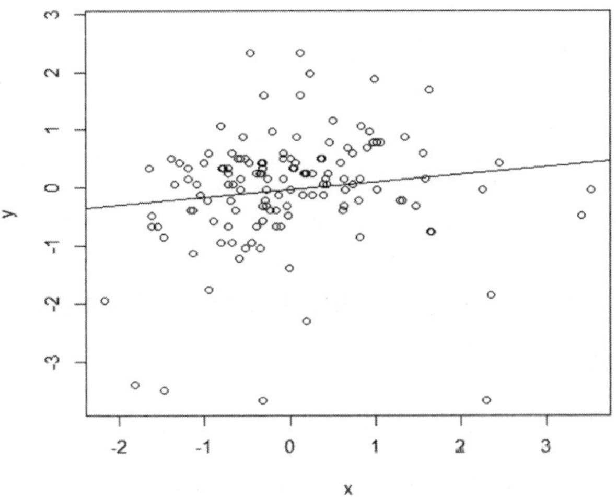

[그림 6.4] 전임교원 강의 담당 비율과 취업률 간 선형회귀분석 결과

• 현장실습 이수율

현장실습 이수율과 취업률 간의 선형은 기울기가 급한 강한 양적 관계를 보이고 있으며, 이수율이 높을수록 취업률이 높은 경향성을 매우 뚜렷하게 보이고 있으므로 현장실습 이수율을 최종 변수로 선택함

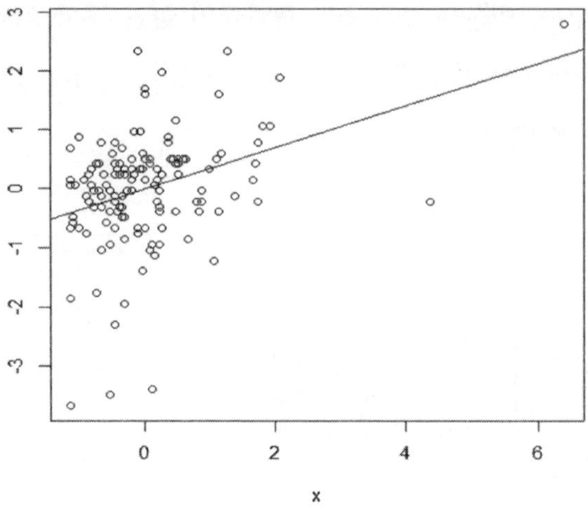

[그림 6.5] 현장실습 이수율과 취업률 간 선형회귀분석 결과

• 캡스톤디자인 학생당 지원 금액

캡스톤디자인 학생당 지원 금액과 취업률 간의 선형은 기울기가 비교적 완만한 양적 관계를 보이고 있으며, 지원 금액의 분

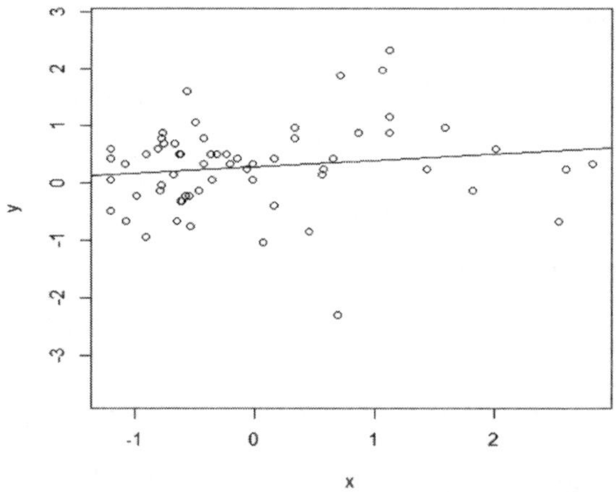

[그림 6.7] 캡스톤디자인 학생당 지원 금액과 취업률 간 선형회귀분석 결과

포가 비교적 넓은 가운데 몇몇 예외적인 데이터(outlier)가 있으나 양의 분포를 확인할 수 있으므로 캡스톤 디자인 학생당 지원 금액은 최종 변수로서의 자격이 있으나, 결측치가 상당

[표 6.4] 상관분석과 선형회귀분석을 통한 분석 차원 축소 과정 정리

지표 그룹	지표	취업률 상관계수	상관관계 해석	후보변수 선택여부
학생 충원	학생충원율	0.356	뚜렷한 양적 선형 관계	포함
	중도탈락 학생비율	−0.139	약한 음적 선형관계	불포함
학생 재정	학생1인당교육비	0.223	약한 양적 선형관계	포함
	학자금대출 이용학생비율	−0.262	약한 음적 선형관계	포함
	장학금 수혜율	0.139	약한 양적 선형관계	불포함
	1인당 장학금	0.021	거의 무시될 수 있는 선형관계	불포함
전임 교원	전임교원강의담당비율	0.140	약한 양적 선형관계	포함
	전임교원1인당학생수(재학생기준)	0.092	거의 무시될 수 있는 선형관계	불포함
현장 실습	현장실습 이수율	0.354	뚜렷한 양적 선형 관계	포함
	업체당 실습학생 수 평균	0.014	거의 무시될 수 있는 선형관계	불포함
캡스톤 디자인	캡스톤디자인 학생당 지원금액	0.143	약한 양적 선형관계	불포함
	캡스톤디자인 이수비율	−0.092	거의 무시될 수 있는 선형관계	불포함

수 존재(137개 레코드 중 75개)하여 결측치를 추정하여 채운다 하더라도 분석 결과를 왜곡할 가능성이 존재하므로 배제함

위 분석 결과를 토대로 6개의 후보 속성 중 캡스톤디자인 학생당 지원 금액을 제외한 나머지 5개 속성이 최종 분석 대상 속성으로 채택된다. 12개의 분석 차원을 5개의 차원으로 줄인 셈이다. 종합적으로 상관분석과 선형회귀분석을 통한 분석 차원 축소 결과는 [표 6.4]와 같이 정리될 수 있다.

제 7 장

연습문제

(1) 다음은 서울시 아파트 단지별 관리비 정보이다. 표상에 나타난 결측 속성값(총공용관리비용, 총세대사용비용, 총장기구선충당금)을 채우시오.

⦿ 데이터 원본 : (연습 1)서울시아파트관리비정보.xlsx

⦿ 원본 투플 수 : 111개

단지 명	년	월	총공용관리비용	총세대사용비용	총장기구선충당금
개포우성9차	2014	6	31093597	20222590	3675900
개포우성9차	2014	5	30249840	19212810	3675900
개포우성9차	2014	4	26256330	29810000	3675900
개포우성9차	2014	3	29351185	35986240	3675900
개포현대3차	2015	9	44356086	18932950	6757560
개포주공7단지	2015	9	116398370	58013730	9171050
개포주공3단지	2015	9	61083000		372000
개포주공4단지	2015	8	96033080		
개포주공7단지	2015	8	104489670	49358300	9171050
개포주공3단지	2015	8	32953800		372000

출처 : 서울시 열린데이터광장(data.seoul.go.kr)

(2) 문제 1에서 결측값을 채운 후에 총공용관리비용 속성은 구간화(Binning) 기법으로 평활화시키고, 총세대사용비용 속성은 총공용관리비용 속성과의 회귀(regression) 분석을 통하여 평활화시키시오.

(3) 다음은 서울메트로 동대문역 기준 시간대별 승하차 인원 현황의 일부이다. 승차와 하차를 구분하여 비슷한 패턴을 보이는 시간대를 찾아보고 속성 통합 가능 여부를 판단해 보시오.

⊙ 데이터 원본: (연습 3)동대문역시간대별승하차인원현황.xlsx

⊙ 원본 투플 수: 702개

날짜	호선	역명	구분	05~06	06~07	07~08	08~09	09~10	10~11	11~12	12~13	13~14	14~15	15~16	16~17
2014-02-24 (	1호선	동대문(155)	승차	517	407	772	1006	893	678	817	952	1072	1144	1148	1227
2014-02-24 (	1호선	동대문(155)	하차	74	296	515	1445	1173	1090	1192	1396	1267	1202	1172	1090
2014-02-25 (	1호선	동대문(155)	승차	452	443	694	1003	879	736	798	1043	1139	1257	1240	1211
2014-02-25 (	1호선	동대문(155)	하차	92	278	504	1399	1181	1149	1230	1286	1464	1261	1281	1301
2014-02-26 (	1호선	동대문(155)	승차	482	408	719	1030	837	759	771	1036	1138	1264	1157	1234
2014-02-26 (	1호선	동대문(155)	하차	60	280	537	1433	1196	1194	1237	1413	1316	1145	1308	1125
2014-02-27 (	1호선	동대문(155)	승차	502	398	686	1010	858	714	827	1024	1020	1122	1175	1158
2014-02-27 (	1호선	동대문(155)	하차	67	337	524	1366	1204	1177	1211	1359	1363	1306	1320	1079

출처 : 서울시 열린데이터광장(data.seoul.go.kr)

(4) 다음은 부산광역시 어린이집 현황의 일부이다. 어린이집 유형 속성과 어린이집 특성 속성 간의 연관성 여부를 카이제곱검정 방법에 의해 판단해 보시오.

⊙ 데이터 원본: (연습 4)부산시어린이집현황.csv

⊙ 원본 투플 수: 206개

No	어린이집유형	어린이집	어린이집특성	평가인증여부	정원	아동현원	보육교직원현원
1	민간	21세기어린이집	일반	Y	70	70	10
2	국공립	ymca어린이집	장애아통합	Y	60	60	11
3	가정	가람어린이집	일반	N	14	11	3
4	민간	가빈어린이집	일반	N	59	50	14
5	가정	거목어린이집	일반	Y	20	20	5
6	민간	건강한영아전담어린이집	영아전담	Y	32	32	10
7	민간	과학나라어린이집	일반	N	39	21	6
8	민간	구름나무어린이집	일반	N	32	29	7
9	법인·단체등	구포원광어린이집	일반	Y	49	45	7

출처 : 공공데이터포털(www.data.go.kr)

(5) 다음은 서울메트로 역별/시간대별 승하차 인원 현황의 일부이다. 데이터큐브 집계를 이용하여 월별/호선별/시간대별 승차/하차 합계로 데이터를 축소시키시오(단, 시간대는 04~07, 07~09, 09~18, 18~20, 20~02로 구분).

⊙ 데이터 원본: (연습 5)서울메트로역별시간대별승하차인원현황.xlsx

⊙ 원본 투플 수 : 60,000개

역명	구분	00~01	01~02	02~03	03~04	04~05	05~06	06~07	07~08	08~09	09~10	10~11	11~12	12~13	13~14	14~15	15~16	16~17	17~18
동대문(155)	승차	50				19	517	407	772	1006	893	678	817	952	1072	1144	1148	1227	1232
동대문(155)	하차	162					74	296	515	1445	1173	1090	1192	1396	1267	1202	1172	1090	1018
동대문(155)	승차	56				17	452	443	694	1003	879	736	798	1043	1139	1257	1240	1211	1274
동대문(155)	하차	213					92	278	504	1399	1181	1149	1230	1286	1464	1261	1281	1301	1104
동대문(155)	승차	57				17	482	408	719	1030	837	759	771	1036	1138	1264	1157	1234	1310
동대문(155)	하차	189	2				60	280	537	1433	1196	1194	1237	1413	1316	1145	1308	1125	1090
동대문(155)	승차	35				24	502	398	686	1010	858	714	827	1024	1020	1122	1175	1158	1287
동대문(155)	하차	247					67	337	524	1366	1204	1177	1211	1359	1363	1306	1320	1079	1084

출처 : 서울시 열린데이터광장(data.seoul.go.kr)

(6) 다음은 2016년도 서울시 일별 대기오염도 정보 중 일부이다. 이산화질소 농도, 오존 농도, 일산화탄소 농도, 아황산가스 농도, 미세먼지, 초미세먼지 측정치를 대상으로 웨이블릿 변환과 주성분 분석을 통하여 각각 데이터를 축소시키시오.

⊙ 데이터 원본 : (연습 6)서울시일별평균대기오염도정보.xlsx

⊙ 원본 투플 수 : 14,302개

측정일시	측정소명	이산화질소농도(ppm)	오존농도(ppm)	일산화탄소농도(ppm)	아황산가스(ppm)	미세먼지(㎍/㎥)	초미세먼지(㎍/㎥)
20160606	강남구	0.02	0.041	0.2	0.004	23	15
20160606	강동구	0.012	0.04	0.3	0.004	24	16
20160606	강변북로	0.046	0.025	0.3	0.004	28	15
20160606	강북구	0.02	0.044	0.3	0.002	16	12
20160606	강서구	0.023	0.029	0.3	0.005	33	22
20160606	공항로	0.03	0.022	0.5	0.006	37	22
20160606	관악구	0.017	0.052	0.4	0.004	30	18
20160606	광진구	0.018	0.043	0.3	0.004	20	11
20160606	구로구	0.018	0.034	0.4	0.006	32	20

출처 : 서울시 열린데이터광장(data.seoul.go.kr)

(7) 다음은 서울시버스 노선별/정류장별 승하차 인원 현황의 일부이다. 샘플링(Sampling), 히스토그램(Histogram), 클러스터링(clustering)을 활용하여 투플 수를 3,000개 이하로 축소시키시오.

⊙ 데이터 원본: (연습 7)서울시버스노선별정류장별승하차인원정보.xlsx
⊙ 원본 투플 수 : 38,133개

사용월	버스노선번호	버스노선명	버스정류장명	승차인원	하차인원	작업일자
201512	9714	9714번(교하운정~서울역)	디지털미디어시티역	1763	209	20160308
201512	9714	9714번(교하운정~서울역)	교하차고지	189	8	20160308
201512	9714	9714번(교하운정~서울역)	교하차고지	0	151	20160308
201512	9714	9714번(교하운정~서울역)	마두역(중)	743	496	20160308
201512	9714	9714번(교하운정~서울역)	중앙공원	1	1504	20160308
201512	9714	9714번(교하운정~서울역)	중앙공원	1115	9	20160308
201512	9714	9714번(교하운정~서울역)	우리은행앞	51	4042	20160308
201512	9714	9714번(교하운정~서울역)	트리플메디컬타운	4359	46	20160308
201512	9714	9714번(교하운정~서울역)	청석마을8단지	5	1182	20160308

출처 : 서울시 열린데이터광장(data.seoul.go.kr)

(8) 다음은 서울시버스 노선별/정류장별 승하차 인원 현황의 일부이다. 승차 인원과 하차 인원을 최소-최대 정규화, z-점수 정규화, 소수 척도화 방식으로 각각 정규화하시오.

⊙ 데이터 원본: (연습 8)서울시버스노선별정류장별승하차인원정보.csv
⊙ 원본 투플 수 : 38,133개

사용월	버스노선번호	버스노선명	버스정류장명	승차인원	하차인원	작업일자
201512	9714	9714번(교하운정~서울역)	디지털미디어시티역	1763	209	20160308
201512	9714	9714번(교하운정~서울역)	교하차고지	189	8	20160308
201512	9714	9714번(교하운정~서울역)	교하차고지	0	151	20160308
201512	9714	9714번(교하운정~서울역)	마두역(중)	743	496	20160308
201512	9714	9714번(교하운정~서울역)	중앙공원	1	1504	20160308
201512	9714	9714번(교하운정~서울역)	중앙공원	1115	9	20160308
201512	9714	9714번(교하운정~서울역)	우리은행앞	51	4042	20160308
201512	9714	9714번(교하운정~서울역)	트리플메디컬타운	4359	46	20160308
201512	9714	9714번(교하운정~서울역)	청석마을8단지	5	1182	20160308
201512	9714	9714번(교하운정~서울역)	청석마을	3089	16	20160308
201512	9714	9714번(교하운정~서울역)	숭례문	1786	1099	20160308

출처 : 서울시 열린데이터광장(data.seoul.go.kr)

(9) 다음은 부산광역시 어린이집 현황의 일부이다. 아동 현원을 엔트로피-기반, 카이제곱-결합, 직관적 분할 방식을 각각 활용하여 10개 구간 내외로 이산화하시오(단, 카이제곱-결합 방식에서의 독립성 여부 판단 기준 속성은 어린이집 유형으로 한다).

⊙ 데이터 원본 : (연습 9)부산시어린이집현황.csv
⊙ 원본 투플 수 : 206개

어린이집유형	어린이집	어린이집특성	평가인증여부	정원	아동현원	보육교직원현원
민간	21세기어린이집	일반	Y	70	70	10
국공립	ymca어린이집	장애아통합	Y	60	60	11
가정	가람어린이집	일반	N	14	11	3
민간	가빈어린이집	일반	N	59	50	14
가정	거록어린이집	일반	Y	20	20	5
민간	건강한영아전담어린이집	영아전담	Y	32	32	10
민간	과학나라어린이집	일반	N	39	21	6
민간	구름나무어린이집	일반	N	32	29	7
법인·단체등	구포원광어린이집	일반	Y	49	45	7

출처 : 공공데이터포털(www.data.go.kr)

(10) 6장의 사례(그림 6.1)를 대상으로 분석 차원을 축소하는 방법으로 상관분석 & 선형회귀분석 대신에 주성분분석을 사용하여 수행하고 결과를 비교해 보시오.

⊙ 데이터 원본 : (연습 10)전문대학정보공시데이터.csv
⊙ 원본 투플 수 : 137개

순번	학생충원율	중도탈락 학생비율	1인당 장학금	장학금 수혜율	학자금대출 이용학생비율	학생1인당 교육비	전임교원1인당 학생수(재학생기준)	전임교원강의 담당비율	업체당 실습학생수 평균	현장실습 이수율	캡스톤디자인 이수비율	캡스톤디자인 학생당지원금액	취업률
1	0.957	0.097	2,912.20	51.0	18.2	8,829.70	32.8	51.6	2.7	16.1%			0.682
2	0.972	0.057	2,367.70	39.7	23.1	8,402.70	35.8	39.9	3.1	50.9%			0.585
3	1.015	0.037	2,879.00	49.2	22.9	8,418.40	33.2	52.2	2.7	17.2%	1.000	67	0.593
4	1.012	0.100	2,410.40	49.2	21.5	7,435.50	36.7	40.8	3.1	34.8%			0.613
5	0.945	0.061	2,231.90	89.1	9.9	9,234.30	32.4	36.3	2.8	32.6%			0.492

출처 : 대학알리미 사이트(http://www.academyinfo.go.kr/)

[그림 6.1] 전문대학 정보 공시 데이터 예제

부 록

참고문헌

[1] Jiawei Han and Micheline Kamber. Data Mining: Concepts & Techniques. Elsevier Inc. 2006.

[2] Tan, Pang-Ning; Steinbach, Michael; Kumar, Vipin. INTRODUCTION TO DATA MINING. Addison-Wesley. 2006.

[3] Ramakrishnan and Gehrke. Database Management Systems, Mc-Gram Hill. 3rd Edition.

[4] Norman Matloff. The Art of R Programming. No Stratch Press.

[5] Larry Pace. Beginning R. Apress. 2012.

[6] 박창이,김용대,김진석,송종우,최호식. R을 이용한 데이터마이닝. 교문사. 2011.

[7] Sanjay Mishra, Alan Beaulieu. Mastering Oracle SQL. 2nd Edition. 2004.

[8] 이화식. 새로쓴 대용량 데이터베이스 솔루션 1. ㈜엔코아. 2005.

[9] 홍형경. 오라클 SQL과 PL/SQL을 다루는 기술. 길벗. 2015.

[10] PGWiki:책. http://www.potatogim.net/wiki

[11] 위키백과. https://ko.wikipedia.org/wiki

[12] 공공데이터포털. https://www.data.go.kr/

[13] 서울시 열린데이터 광장. http://data.seoul.go.kr/

찾아보기

ㅈ

ㅊ